"十四五"时期
国家重点出版物
出版专项规划项目

新时代公园城市建设探索与实践系列丛书

公园城市

导向下的绿道规划与建设

谢晓英
孙　莉

主编

中国城市出版社

新时代公园城市建设探索与实践系列丛书编委会

吴　杰　吴　剑　吴克军　吴锦华　言　华
张清彦　陈　艳　林志斌　欧阳底梅　周建华
赵御龙　饶　毅　袁　琳　袁旸洋　徐　剑
郭建梅　梁健超　董　彬　蒋凌燕　韩　笑
傅　晗　强　健　瞿　志

组织编写单位：中国城市建设研究院有限公司
　　　　　　　中国风景园林学会
　　　　　　　中国公园协会

本书编委会

主　编：谢晓英　孙　莉

参编人员：瞿　志　张　琦　周欣萌　刘　晶　王　欣　王　翔　李　萍

　　　　　张　婷　张　元　段佳佳　牟鹏锦　李宗睿　靳　远　曲　浩

　　　　　吴寅飞　李银泊　张惠春　兰英杰　杨　灏

支持单位（按照书中出现先后排序）：

　　中国城市建设研究院有限公司

　　四川省建筑设计研究院有限公司

　　成都市公园城市建设发展研究院

　　成都市规划设计研究院

　　成都市天府公园城市研究院

　　成都天府绿道建设投资集团有限公司

　　深圳市城市管理和综合执法局

　　深圳市公园管理中心

　　上海市绿化和市容管理局

　　上海市黄浦区绿化管理所

　　上海市徐汇区绿化管理中心

　　上海市虹口区绿化管理事务中心

　　上海市绿化管理指导站

　　上海市长宁区绿化管理事务中心

　　上海市宝山区绿化建设和管理中心

　　上海市静安区绿化管理中心

　　上海市闵行区绿化园林管理所

　　上海市公共绿地建设事务中心

丛书序

2018 年 2 月，习近平总书记视察天府新区时强调"要突出公园城市特点，把生态价值考虑进去"；2020 年 1 月，习近平总书记主持召开中央财经委员会第六次会议，对推动成渝地区双城经济圈建设作出重大战略部署，明确提出"建设践行新发展理念的公园城市"；2022 年 1 月，国务院批复同意成都建设践行新发展理念的公园城市示范区；2022 年 3 月，国家发展和改革委员会、自然资源部、住房和城乡建设部发布《成都建设践行新发展理念的公园城市示范区总体方案》。

"公园城市"实际上是一个广义的城市空间新概念，是缩小了的山水自然与城市、人的有机融合与和谐共生，它包含了多个一级学科的知识和多空间尺度多专业领域的规划建设与治理经验。涉及的学科包括城乡规划、建筑学、园林学、生态学、农业学、经济学、社会学、心理学等等，这些学科的知识交织汇聚在城市公园之内，交汇在城市与公园的互相融合渗透的生命共同体内。"公园城市"的内涵是什么？可概括为人居、低碳、人文。从本质而言，公园城市是城市发展的终极目标，整个城市就是一个大公园。因此，公园城市的内涵也就是园林的内涵。"公园城市"理念是中华民族为世界提供的城市发展中国范式，这其中包含了"师法自然、天人合一"的中国园林哲学思想。对市民群众而言园林是"看得见山，望得见水，记得住乡愁"的一种空间载体，只有这么去理解园林、去理解公园城市，才能规划设计建设好"公园城市"。

有古籍记载说"园莫大于天地"，就是说园林是天地的缩小版；"画莫好于造物"，画家的绘画技能再好，也只是拷贝了自然和山水之美，只有敬畏自然，才能与自然和谐相处。"公园城市"就是要用中国人的智慧处理好人类与大自然、人与城市以及蓝（水体）绿（公园等绿色空间）灰（建筑、道路、桥梁等硬质设施）之间的关系，最终实现"人（人类）、城（城市）、园（大自然）"三元互动平衡、"蓝绿灰"阴阳互补、刚柔并济、和谐共生，实现山、水、林、田、湖、草、沙、居生命共同体世世代代、永续发展。

"公园城市"理念提出之后，各地积极响应，成都、咸宁等城市先行开展公园城市建设实践探索，四川、湖北、广西、上海、深圳、青岛等诸多省、区、市将公园城市建设纳入"十四五"战略规划统筹考虑，并开展公园城市总体规划、公园体系专项规划、"十五分钟"生活服务圈等顶层设计和试点建设部署。不少专家学者、科研院所以及学术团体都积极开展公园城市理论、标准、技术等方面的探索研究，可谓百花齐放、百家争鸣。

"新时代公园城市建设探索与实践系列丛书"以理论研究与实践案例相结合的形式阐述公园城市建设的理念逻辑、基本原则、主要内容以及实施路径，以理论为基础，以标准为行动指引，以各相关领域专业技术研发与实践应用为落地支撑，以典型案例剖析为示范展示，形成了"理论＋标准＋技术＋实践"的完整体系，可引导公园城市的规划者、建设者、管理者贯彻落实生态文明理念，切实践行以人为本、绿色发展、绿色生活，量力而行、久久为功，切实打造"人、城、园（大自然）"和谐共生的美好家园。

人民城市人民建，人民城市为人民。愿我们每个人都能理解、践行公园城市理念，积极参与公园城市规划、建设、治理方方面面，共同努力建设人与自然和谐共生的美丽城市。

国际欧亚科学院院士
住房和城乡建设部原副部长

丛书前言

习近平总书记 2018 年在视察成都天府新区时提出"公园城市"理念。为深入贯彻国家生态文明发展战略和新发展理念，落实习近平总书记公园城市理念，成都市率先示范，湖北咸宁、江苏扬州等城市都在积极实践，湖北、广西、上海、深圳、青岛等省、区、市都在积极探索，并将公园城市建设作为推动城市高质量发展的重要抓手。"公园城市"作为新事物和行业热点，虽然与"生态园林城市""绿色城市"等有共同之处，但又存在本质不同。如何正确把握习近平总书记所提"公园城市"理念的核心内涵、公园城市的本质特征，如何细化和分解公园城市建设的重点内容，如何因地制宜地规范有序推进公园城市建设等，是各地城市推动公园城市建设首先关心、也是特别关注的。为此，中国城市建设研究院有限公司作为"城乡生态文明建设综合服务商"，由其城乡生态文明研究院王香春院长牵头的团队率先联合北京林业大学、中国城市规划设计研究院、四川省城乡建设研究院、成都市公园城市建设发展研究院、咸宁市国土空间规划研究院等单位，开展了习近平生态文明思想及其发展演变、公园城市指标体系的国际经验与趋势、国内城市公园城市建设实践探索、公园城市建设实施路径等系列专题研究，并编制发布了全国首部公园城市相关地方标准《公园城市建设指南》DB42/T 1520—2019 和首部团体标准《公园城市评价标准》T/CHSLA 50008—2021，创造提出了"人 - 城 - 园"三元互动平衡理论，明确了公园城市的四大突出特征：美丽的公园形态与空间格局；"公"字当先，公共资源、公共服务、公共福利全民均衡共享；人与自然、社会和谐共生共荣；以居民满足感和幸福感提升为使命方向，着力提供安全舒适、健康便利的绿色公共服务。

在此基础上，中国城市建设研究院有限公司联合中国风景园林学会、中国公园协会共同组织、率先发起"新时代公园城市建设探索与实践系列丛书"（以下简称"丛书"）的编写工作，并邀请住房和城乡建设部科技与产业化发展中心（住房和城乡建设部住宅产业化促进中心）、中国城市规划设计研究院、中国城市出版社、北京市公园管理中心、上海市公园管理中心、东南大学、成都市公园城市建设发展研究院、北京市园林绿化科学研究院等多家单位以及权威专家组成丛书编写工作组共同编写。

这套丛书以生态文明思想为指导，践行习近平总书记"公园城市"理念，响应国家战略，瞄准人民需求，强化专业协同，以指导各地公园城市建设实践干什么、怎么干、如何干得好为编制初衷，力争"既能让市长、县长、局长看得懂，也能让队长、班长、组长知道怎么干"，着力突出可读性、实用性和前瞻指引性，重点回答了公园城市"是什么"、要建成公园城市需要"做什么"和"怎么做"等问题。目前本丛书已入选国家新闻出版署"十四五"时期国家重点出版物出版专项规划项目。

丛书编写作为央企领衔、国家级风景园林行业学协会通力协作的自发性公益行为，得到了相关主管部门、各级风景园林行业学协会及其成员单位、各地公园城市建设相关领域专家学者的大力支持与积极参与，汇聚了各地先行先试取得的成功实践经验、专家们多年实践积累的经验和全球视野的学习分享，为国内的城市建设管理者们提供了公园城市建设智库，以期让城市决策者、城市规划建设者、城市开发运营商等能够从中得到可借鉴、能落地的经验，推动和呼吁政府、社会、企业和老百姓对公园城市理念的认可和建设的参与，切实指导各地因地制宜、循序渐进开展公园城市建设实践，满足人民对美好生活和优美生态环境日益增长的需求。

丛书首批发布共 14 本，历时 3 年精心编写完成，以理论为基础，以标准为纲领，以各领域相关专业技术研究为支撑，以实践案例为鲜活说明。围绕生态环境优美、人居环境美好、城市绿色发展等公园城市重点建设目标与内容，以通俗、生动、形象的语言介绍公园城市建设的实施路径与优秀经验，具有典型性、示范性和实践操作指引性。丛书已完成的分册包括《公园城市理论研究》《公园城市建设标准研究》《公园城市建设中的公园体系规划与建设》《公园城市建设中的公园文化演替》《公园城市建设中的公园品质提升》《公园城市建设中的公园精细化管理》《公园城市导向下的绿色空间竖向拓展》《公园城市导向下的绿道规划与建设》《公园城市导向下的海绵城市规划设计与实践》《公园城市指引的多要素协同城市生态修复》《公园城市导向下的采煤沉陷区生态修复》《公园城市导向下的城市采石宕口生态修复》《公园城市建设中的动物多样性保护与恢复提升》和《公园城市建设实践探索——以成都市为例》。

丛书将秉承开放性原则，随着公园城市探索与各地建设实践的不断深入，将围绕社会和谐共治、城市绿色发展、城市特色鲜明、城市安全韧性等公园城市建设内容不断丰富其内容，因此诚挚欢迎更多的专家学者、实践探索者加入到丛书编写行列中来，众智众力助推各地打造"人、城、园"和谐共融、天蓝地绿水清的美丽家园，实现高质量发展。

前　言

本书是"新时代公园城市建设探索与实践系列丛书"中的一本分册，主要阐述绿道对于公园城市建设的重要意义，提出公园城市导向下的绿道发展模式与策略，以期在公园建设中更好地发挥绿道的积极作用。

本书共分为4章。第1章从国内外绿道与城市蓝绿空间系统的互动发展入手进行比较，总结绿道发展的两个维度。结合我国宏观政策导向及国际发展趋势，吸纳本丛书"公园城市"相关理论研究成果，分析绿道对于公园城市建设的意义，并提出公园城市导向下的绿道发展模式与策略。第2章选取国内公园城市与绿道建设协同发展的三个代表性城市进行研究。根据发展时序梳理各城市整体概况，并对相关规划及政策规范进行解读，最后对优秀绿道案例进行研究，着重分析公园城市与绿道建设协同发展过程中的良性互动，以期探寻共性规律，为我国其他地区的公园城市与绿道建设提供可推广借鉴的经验。第3章基于对作者团队多年来不同规模、类型的绿道相关项目实践的总结与反思，分享在公园城市发展导向下，以绿道为载体，采用"多道融合""多网合一"等策略，拓展绿道复合功能、优化国土空间利用、实现三生统筹、完善区域发展格局等经验。第4章基于国家宏观政策和公园城市导向，对我国未来绿道发展做出展望。

从理论研究的角度，本书有助于加强绿道理论与公园城市理论的结合，对于形成具有中国特色的绿道理论具有一定的作用。从绿道实践应用的角度，本书具有较强的指导借鉴意义，有助于以绿道为载体促进公园城市建设。从宣传教育的角度，本书有助于加深社会公众对绿道及公园城市的认识，践行绿色健康生活，推进人与自然的和谐共生。本书可供城乡规划、风景园林相关从业人员、相关政府部门工作人员、高校学生等参考学习。

目 录

第3章　公园城市导向下的绿道探索

第 4 章   公园城市导向下的绿道发展展望

第 1 章

公园城市导向下的绿道发展策略

本章从国内外绿道与城市蓝绿空间系统的互动发展入手进行比较，总结绿道发展的两个维度。结合我国宏观政策导向及国际发展趋势，吸纳本丛书"公园城市"相关理论研究成果，分析绿道在公园城市建设中的意义，并提出公园城市导向下的绿道发展模式与策略。

1.1　绿道与城市蓝绿空间系统互动发展历程

1.1.1　国外绿道与城市蓝绿空间系统

绿道建设起源于美国，伴随 19 世纪中叶兴起的城市公园运动，由"公园道"发展而来，其产生、发展的过程与城市蓝绿空间系统有着密不可分的关系。本节简单梳理国外绿道发展历程，着重分析城市绿道与城市蓝绿空间系统发展之间的互动关系。

（1）美国绿道发展历程

美国绿道的建设初衷是服务于人的使用，满足步行者通勤需求，并提供散步、野餐等休憩的场地。经历了 150 多年的发展历程，绿道从功能较为单一的线性空间逐渐演变为功能复合、可持续发展的土地网络。根据绿道功能侧重点的不同，美国绿道发展可以划分为三个阶段（表 1–1）。

（2）欧洲绿道发展历程

欧洲绿道建设起源于环境改善与生态保护。20 世纪初，在"田园城市"思想的影响下，欧洲开始了环城绿带的规划建设，协调并联系城市与其外围的乡村和自然区域，之后环城绿带与城市开放空间系统的联系日趋紧密，为当代城市绿道的发展奠定了基础。20 世纪 80 年代，源于生物保护领域的生态网络（Ecological Networks）概念在欧洲开放空间规划及国土空间规划中逐渐得到认可。20 世纪 90 年代后，受美国绿道理念的影响，欧洲绿道实践逐渐朝着多元化的方向发展，概括起来包含以下三个层级（表 1–2）。

美国绿道发展阶段　　　　　　　　　　　　　　　　　　　　　　　　　表 1-1

时期	绿道发展阶段	绿道发展特点	绿道主要功能	典型案例
19 世纪中叶至20 世纪中叶	初期阶段	没有清晰的绿道概念，开始公园系统、开放空间系统及游径规划及建设的探索性实践	通勤、游憩、改善城市环境、控制城市扩张	波士顿"翡翠项链"；马萨诸塞州开放空间规划；阿巴拉契亚山脉游径规划
20 世纪 60、70 年代	中期阶段	出现了"绿道"（Greenway）一词，但没有明确其内涵。河流廊道、游径及线性公园等线性空间的实践取得了一定进展	环境美化、游憩娱乐与生态等方面的功能逐渐融合	丹佛南普拉特河绿道；威斯康星州遗产游径计划；废弃铁路变游径运动；阿迪朗达克山脉绿线公园
20 世纪 80 年代至今	全面建设与国际化阶段	强调绿道的连通性、多功能性和系统性。绿道与城市蓝绿空间系统、绿色交通系统、绿色基础设施的联系日趋紧密	休闲游憩、生态环保、社会文化、旅游经济等功能有机融合	休斯顿布法罗河口长廊；波士顿罗斯·肯尼迪绿道；纽约高线公园

欧洲绿道层级　　　　　　　　　　　　　　　　　　　　　　　　　　　表 1-2

绿道层级	绿道发展目标	绿道形式	绿道发展特点	典型案例
大尺度的国家 / 跨国绿道	生物多样性保护和生态安全	大尺度生态网络	由生态学家和景观设计师密切合作构建	荷兰国家生态网络
	休闲游憩	长距离自行车旅游线路	依托水系、山脉等，串联自然景观及历史人文资源，结合交通网络建设	欧洲自行车路线网络（Euro Velo）项目
联系城市群（圈）的区域绿道	提升生态环境及城市环境，推动旅游等第三产业发展，促进经济增长	以城市群（圈）为单位，构建连通各中小城市的区域绿道	在经济产业密切联系、交通沟通便利、生活方式相近和发展历史相似的区域内，整合自然及人文资源	德国鲁尔区绿道
衔接绿色交通的城市绿道	联系城市内部绿色开放空间与郊野、乡村，鼓励绿色出行，休闲游憩	与城市慢行系统融合发展	强调自行车骑行的安全、连贯、通畅，拓展骑行空间范围并增加骑行乐趣	英国伦敦绿道系统；荷兰、丹麦等国的城市自行车道系统

（3）亚洲绿道发展历程

　　相对于欧美绿道，亚洲绿道发展建设偏晚，日本、新加坡两国成就较为突出。日本的绿道建设包含两个层面：一是基于保护林制度，国家尺度上的生态绿道；二是结合城市绿地系统的城市绿道。新加坡着力发展公园连接道系统，并将其作为绿色开放空间的重要类型之一。日本、新加坡均将城市绿道作为城市蓝绿空间系统的重要组成部分，加强土地资源的优化利用，不同发展阶段见表 1-3。

日本、新加坡绿道发展阶段 表 1-3

国家	时期	绿道发展阶段	绿道发展特点	绿道主要功能	典型案例
日本	20 世纪 20~30 年代	思想萌芽阶段	将连接公园的各种线性空间作为逃难通道，规划环状绿带及行乐道路	逃难通道、行乐道路	《东京绿地计划》
日本	20 世纪 50~60 年代	建设繁盛阶段	《都市公园法》在公园配置模式图中明确提出公园之间需修建绿道，新城建设施行"公园系统 + 绿道（公园连接道）"模式	提升城市内部公园绿地的可达性，进而连通城市周边的自然区域	筑波科学城绿道
日本	20 世纪 70 年代至今	功能拓展阶段	结合城市更新，衔接周边环境，采用立体化开发等模式，提高土地资源利用率	绿色出行、游憩健身、避灾救灾、生境连通等	名古屋久屋大通公园
新加坡	20 世纪 90 年代	系统建设阶段	基于高密度建成环境，依托河道缓冲带、道路缓冲带等低效空间建设，优化土地资源利用	提升绿色开放空间连通性与可达性，丰富户外休闲场所	"绿与蓝计划"（Green & Blue Plan）
新加坡	21 世纪之后	功能拓展阶段	结合旧城更新改造及新城建设，与滨水空间提升改造、生境恢复与重建等紧密结合	休闲健身、亲近自然，改善沿线环境，提高城市韧性与生物多样性	南部山脊绿道、加冷河绿道碧山公园、榜鹅水道

虽然美国、欧洲、亚洲绿道发展的初衷不尽相同，但是在发展过程中相互影响，绿道的功能与形式越来越丰富。目前绿道发展已进入国际化阶段，绿道实践在全球范围内展开，城市绿道系统与城市公共空间系统、绿色交通系统、绿色基础设施日趋融合。作为高效利用土地空间的优良载体，城市绿道能够应对休闲游憩、生态环保、社会文化、旅游经济等多方面需求，在城市规划发展战略层面发挥着越来越重要的作用。

1.1.2 我国绿道与城市蓝绿空间系统

（1）我国绿道发展历程

虽然目前世界上通用的"绿道"（Greenway）一词出现于 20 世纪 50 年代之后，但是体现绿道理念与部分功能的建设活动一直在持续进行。我国古代城市绿化、沿河绿化、官道驿道等建设为当代绿道发展提供了宝贵的思想源泉（表 1-4）。

我国古代绿道相关建设活动　　　　　　　　　　　　　　　　　　　　　　　　表 1-4

时期	相关建设活动	主要建设内容	主要功能	典型案例
周代以后	古代城市绿化	沿城壕外围植树；沿城镇主要道路种植树木	改善城市环境	《国语·周语》中记载"列树以表道"
春秋战国以后	沿河绿化	沿河流种植防护林带	巩固堤坝、防止洪涝灾害	沿京杭大运河两岸修建御道，种植大量柳树
秦代以后	官道、驿道、古道、栈道等	具有一定长度的跨区域道路，自上而下建设的官道和民众自下而上开拓的乡野古道相互连通	从巩固统治、加强交通联系逐渐发展到繁荣商贸、民族交流，一定程度上也提供了旅游途径和场所	秦直道、古蜀道"翠云廊"、茶马古道

我国当代绿道建设始于台湾、香港地区，自中华人民共和国成立后持续进行国土绿化和城市绿地系统规划建设，具有线性特征的绿地主要是带状公园、沿道路或河流水系建设的防护绿带、环城绿带等，侧重于绿化美化和防护功能，游憩功能偏弱，与功能复合的国外绿道具有较大的差距。20 世纪 90 年代之后开始对国外绿道相关理论、绿道规划设计、绿道经典案例等的研究，随后以广东省为代表开始绿道建设实践。我国当代绿道的发展可以分为以下两个阶段（表 1-5）。

我国当代绿道发展阶段　　　　　　　　　　　　　　　　　　　　　　　　　　表 1-5

时期	绿道发展阶段	绿道发展特点	典型案例
2010 年之前	理论引入和局部实践阶段	20 世纪 30 年代，台湾地区开始绿道规划建设	台中市"绿园道"
		20 世纪 70 年代，香港地区绿道随着郊野公园发展建设	麦理浩径、港岛径
		2007 年广东省增城市（2014 年改为广州市增城区）开始绿道建设实践探索	广州增城绿道
2010 年之后	规模化实践和推广升级阶段	2010 年广东省迅速推进绿道建设	广州绿道、深圳绿道
		全国掀起绿道建设热潮	成都绿道
		广东、浙江、福建等省已基本完成第一轮绿道建设，开始绿道升级迭代	2017 年南粤古驿道、2019 年广东"碧道"

我国发展最快的是城市绿道，至 2018 年已有 227 个城市提出绿道发展规划、已建或在建绿道，涌现出广州、深圳、成都、杭州、郑州、南京、武汉、北京、福州、上海等代表城市。根据住房和城乡建设部统计的数据，2022 年全国已建设绿道 9 万余公里。绿道建设已成为贯彻落实习近平生态文明思想，推动形成绿色发展方式和生活方式，建设美丽中国和健康中国的重要内容。

（2）我国绿道内涵

随着我国城市绿道的不断发展，其与城市蓝绿空间系统的联系与交融日趋紧密。为了更好地指导绿道发展建设，各地纷纷出台了地方性的标准规范，但各地对于绿道的定位并不统一。为统一思想，指明我国绿道发展方向，住房和城乡建设部于 2016 年发布《绿道规划设计导则》，于 2019 年发布《城镇绿道工程技术标准》CJJ/T 304—2019，明确了我国绿道的定义："绿道是以自然要素为依托和构成基础，串联城乡绿色开敞空间，以游憩、健身为主，兼具绿色出行和生物迁徙等功能的廊道。"

该定义首先指明绿道以自然要素为基础，意在纠正现存"重道轻绿"现象，巩固"以道串绿"，鼓励"因道建绿"，注重绿道与周边环境的协调融合。其次突出绿道的联系性，加强城乡之间的交流；考虑到各地资源条件的差异性，不对绿道依托、串联的资源做列举和诠释，为因地制宜进行绿道建设留下充分的发挥空间。然后强调绿道的多功能性，从服务对象的角度出发阐述绿道功能，说明了绿道对人类及其他生物所发挥的积极作用，鼓励不断拓展绿道功能，实现对土地资源的高效利用，促进人与自然的和谐共生。最后明确绿道的廊道属性，强化绿道直观的形态特征。

绿道具有休闲健身、绿色出行、生态环保、社会与文化、旅游与经济五大功能，这五大功能排序是由我国绿道规划建设、使用的综合情况决定的。目前休闲健身、绿色出行是我国绿道发挥的主要功能。绿道由游径、绿化和设施三大系统组成。绿道游径系统指绿道中供人们步行、自行车骑行的道路系统，包括步行道、骑行道与综合道，需要统筹考虑交通衔接。绿道绿化系统指绿道游径两侧由自然要素组成的绿色空间。绿道设施系统是为满足绿道的综合功能而设置的配套设施；包括服务设施、市政设施与标识设施。驿站是为满足公众游览设置的途中休憩、交通换乘的场所，是绿道服务设施的主要载体。

由于绿道的多功能性，导致其与相关概念存在交集，在此加以辨析。首先是区别绿道与慢行系统、风景道路，绿道功能以休闲健身为主，兼顾绿色出行，可与慢行系统、风景道路共同构成休闲旅游网络，但是不能替代慢行系统、风景道路等的交通功能。其次是区别绿道与绿廊、生态廊道，由于绿道在现有各类城乡用地上复合建设，需符合原有用地属性与管理要求。绿道建设涉及建设用地与非建设用地，具有复杂性和不确定性，在实践中往往难以保证其沿线绿色空间的宽度，因此绿道的生态功能有限。绿道有助于生态环保，但不能替代绿廊、生态廊道等的生态功能。有条件的区域，绿道宜与生态廊道合并设置。

（3）我国绿道相关政策解读

绿道作为重要的城市基础设施，是推进生态文明建设的重要手段，对于加强生态连通、促进旅游发展、落实全民健身具有重要意义。有多个政府文件从不同角度明确了绿道的复合功能。

国务院《关于加强城市基础设施建设的意见》（国发〔2013〕36 号）提出，设市城市应建设城市步行、自行车"绿道"，加强行人过街设施、自行车停车设施、道路林荫绿化、照明等设施建设，切实转变过度依赖小汽车出行的交通发展模式；结合城乡环境整治、城中村改造、弃置地生态修复等，加大社区公园、街头游园、郊野公园、绿道绿廊等规划建设力度，完善生态园林指标体系，推动生态园林城市建设。

中共中央、国务院出台《关于加快推进生态文明建设的意见》（中发〔2015〕12 号）和《关于进一步加强城市规划建设管理工作的若干意见》（中发〔2016〕6 号）等一系列文件，对城市规划建设管理领域中落实生态文明建设做出明确部署，要求优化城市绿地布局，构建绿道系统，实现城市内外绿地连接贯通，将生态要素引入市区。

国务院办公厅《关于进一步促进旅游投资和消费的若干意见》（国办发〔2015〕62 号）提出加快推动环城市休闲度假带建设，鼓励城市发展休闲街区、城市绿道、骑行公园、慢行系统，拓展城市休闲空间。国务院办公厅《关于促进全域旅游发展的指导意见》（国办发〔2018〕15 号）提出建设美丽宜居村庄、旅游小镇、风情县城以及城市绿道、慢行系统，支持旅游综合体、主题功能区、中央游憩区等建设；推进城市绿道、骑行专线、登山步道、慢行系统、交通驿站等旅游休闲设施建设，打造具有通达、游憩、体验、运动、健身、文化、教育等复合功能的主题旅游线路。

国务院办公厅印发的《体育强国建设纲要》提出统筹建设全民健身场地设施。加强城市绿道、健身步道、自行车道、全民健身中心、体育健身公园、社区文体广场以及足球、冰雪运动等场地设施建设，与住宅、商业、文化、娱乐等建设项目综合开发和改造相结合，合理利用城市空置场所、地下空间、公园绿地、建筑屋顶、权属单位物业附属空间。

在《巴黎协定》框架下，实现碳中和已成为全球共识。作为《巴黎协定》的缔约方，中国于2020年9月正式提出碳达峰碳中和的"双碳"目标，明确了我国经济社会发展全面绿色转型的战略方向和目标要求。近年来我国陆续发布关于推进城乡建设绿色发展的文件，反复强调城乡绿道与蓝绿空间系统的连通与协同发展，进一步强化绿道的复合功能。进入低碳时代，绿道作为连接城乡、优化绿地系统的重要媒介，对推动形成绿色生活方式、助力低碳建设具有重要意义。

《中华人民共和国国民经济和社会发展第十四个五年规划和2035年远景目标纲要》在"第八篇 完善新型城镇化战略 提升城镇化发展质量"的"第二节 推进新型城市建设"中，提出要顺应城市发展新理念新趋势，开展城市现代化试点示范，建设宜居、创新、智慧、绿色、人文、韧性城市，要求科学规划布局城市绿环绿廊绿楔绿道，推进生态修复和功能完善工程，优先发展城市公共交通，建设自行车道、步行道等慢行网络……建设低碳城市。保护和延续城市文脉，杜绝大拆大建，让城市留下记忆、让居民记住乡愁。

中共中央办公厅、国务院办公厅《关于推动城乡建设绿色发展的意见》（中办发〔2021〕37号）要求，"（二）建设人与自然和谐共生的美丽城市。""实施城市生态修复工程，保护城市山体自然风貌，修复江河、湖泊、湿地，加强城市公园和绿地建设，推进立体绿化，构建连续完整的生态基础设施体系。""（四）促进区域和城市群绿色发展。""协同建设区域生态网络和绿道体系。""（五）推动形成绿色生活方式。""科学制定城市慢行系统规划，因地制宜建设自行车专用道和绿道，全面开展人行道净化行动，改造提升重点城市步行街。"

《国务院办公厅关于科学绿化的指导意见》（国办发〔2021〕19号）要求"（四）合理安排绿化用地。各地要根据第三次全国国土调查数据和国土空间规划，综合考虑土地利用结构、土地适宜性等因素，科学划定绿化用地，实行精准化管理。以宜林荒山荒地荒滩、荒废和受损山体、退化林地草地等为主开展绿化。结合城市更新，采取拆违建绿、留白增绿等方式，增加城市绿地。鼓励特大城市、超大城市通过建设用地腾挪、农用地转用等方式加大留白增绿力度，留足绿化空间。""（十）节俭务实推进城乡绿化。充分利用城乡废弃地、边角地、房前屋后等见缝插绿，推进立体绿化，做到应绿尽绿。增强城乡绿地的系统性、协同性，构建绿道网络，实现城乡绿地连接贯通。加大城乡公园绿地建设力度，形成布局合理的公园体系。提升城乡绿地生态功能，有效发挥绿地服务居民休闲游憩、体育健身、防灾避险等综合功能。"

2020 年住房和城乡建设部首次将城市绿道密度（km/km²）列入城市体检指标体系。2021 年将城市体检指标调整为城市绿道服务半径覆盖率（%），即城市绿道 1km 半径（步行 15min 或骑行 5min）覆盖的市辖区建成区居住用地面积，占市辖区建成区总居住用地面积的百分比。2022 年城市绿道服务半径覆盖率与公园绿化活动场地服务半径覆盖率（%）等指标共同被列入国家园林城市和中国人居环境奖评选标准，是生态宜居目标的重要支撑。2023 年底住房和城乡建设部将城市体检由局部试点推广至全国应用，将城市绿道服务半径覆盖率（%）纳入城市体检基础指标体系，并提出至 2025 年城市建成区绿道服务半径覆盖率达到 70% 的目标。上述指标的设置，说明城市绿道作为城市蓝绿空间系统中的线性元素，其重要意义已经得到充分的肯定。而上述指标的调整，则表明绿道网络拓展的重点已经从单纯的空间密度转向以人为本的服务维度，更加强调绿道的实际服务功能，要求更好地衔接居民生活。

1.1.3 绿道发展的两个维度

通过前两小节的梳理，由于自然地理、文化经济等差异，绿道的实践类型十分丰富，国内外对绿道的发展定位不尽相同，总的来说可以概括为两个发展维度。

（1）绿道发展的两个维度

从规划策略及战略的维度，绿道作为一种框架性的结构，参与优化其所在区域的格局，助力可持续发展。美国最初建设单一游憩功能的公园连接道，欧洲各国则构建限制城镇扩张的绿带，二者功能相互交融，逐渐发展为联系城乡的开放空间系统、联系自然保护地的生态网络，成为保护生态安全的生态基础设施与绿色基础设施。日本和新加坡将绿道作为城市绿地系统的重要组成部分，助力优化城市发展格局，在旧城改造及新城建设中均发挥了积极作用。

从线性空间元素的维度，绿道作为一种多功能的路线，是休闲游憩、绿色出行的重要载体，同时在生态环保、社会文化、经济发展等方面发挥积极作用。美国从联系城市与乡村的路径，衍生出绿道、风景道、国家游径等不同功能侧重的路线。欧洲则着重于发展兼顾长途旅行及日常出行的非机动专用网络，以及典型地体现历史、艺术和社会特征的文化线路。日本绿道联系零散的绿地，不仅是游憩健身通道，同时也是避灾救灾通道。

（2）国内外绿道发展共性与差异

国内外绿道的发展均与当地自然及人文资源条件、城镇化发展阶段、民众需求等密切相关，伴随着绿道的发展建设，绿道功能不断拓展。目前各国均强调绿道的联系性与多功能性，依托绿道网络沟通衔接其他系统，发挥保护生态环境、优化城乡发展格局、休闲游憩与绿色出行、体验传承历史文化、促进社会经济发展等综合效益。

国外绿道发展基于较高的城镇化水平，以问题导向为主，将绿道建设作为解决生态环境恶化、交通拥堵等"城市病"的一种策略。相比之下，我国未来还将持续提升城镇化水平，大部分地区的绿道建设将与城镇化建设同步推进。在这种背景下，我国绿道发展可以汲取国外经验与教训，将问题与目标导向相结合，把绿道作为"公园城市"建设的重要内容之一，联系"人、城、园（大自然）"，完善城市蓝绿空间网络，进而逐步推进"全域公园"建设，助力城市可持续发展。

相对于国外绿道两个发展维度并重，目前我国绿道发展偏重线性空间元素维度。绿道形式主要表现为串联自然及人文资源的游憩慢行廊道，是对我国城镇化过程中休闲游憩与慢行交通内在需求的响应。绿道服务对象以人为主，绿道功能侧重于休闲健身与绿色出行，与城市绿色交通系统存在交集。虽然各地绿道规划中都提出了多功能的发展目标，但是由于我国绿道在现有用地基础上复合建设，实施过程中往往难以保证支撑绿道复合功能的足够空间，应进一步探索优化国土空间利用的具体措施。

1.2　公园城市理念的提出与新发展趋势

2018 年 2 月习近平总书记在四川成都考察时首次提出"公园城市"理念，特别指出"要突出公园城市特点，把生态价值考虑进去"；2018 年 4 月在参加首都义务植树活动时，又提出"一个城市的预期就是整个城市都是一个大公园，老百姓走出来就像在自己家里的花园一样"。公园城市建设是践行习近平生态文明思想的重要路径，也是贯彻落实党的二十大精神，推动绿色发展，促进人与自然和谐共生，增进民生福祉，提高人民生活品质的重要行动。

1.2.1　成都："人、城、境、业"和谐统一的公园城市

成都是我国"公园城市"理念的首提地，也是首个"践行新发展理念的公园城市示范区"，在践行"绿水青山就是金山银山"理念，城市人民宜居宜业、城市治理现代化上率先突破，建设创新、开放、绿色、宜居、共享、智慧、善治、安全的公园城市。

成都坚持国际视野、体系支撑，持续完善公园城市建设。首先，基于权威专家领衔的高端智库，系统开展公园城市理论研究，明确公园城市是"以人民为中心、以生态文明为引领，将公园形态与城市空间有机融合，生产生活生态空间相宜、自然经济社会人文相融、人城境业高度和谐统一的现代化城市，是开辟未来城市发展新境界、全面体现新发展理念的城市发展高级形态和新时代可持续发展城市建设的新模式"。将公园城市的本质内涵概括为"一公三生"，即公共底板上的生态、生活和生产。"一公三生"同时也是"公""园""城""市"四字所代表的意思的总和，奉"公"服务人民、联"园"涵养生态、塑"城"美化生活、兴"市"绿色低碳高质量发展。其次，完善"总体规划 + 专项规划 + 技术指引"三级规划技术体系，将"公园城市"落实到城市建设的各个领域；出台《成都市美丽宜居公园城市建设条例》等地方性法规，将公园城市建设的思路、目标、举措以立法的形式固定下来，将制度优势转化为治理效能。最后，及时进行实践

总结与反思，积极对外交流，持续完善理论体系，更好地指导公园城市建设，形成良性循环。自 2020 年起成都市按年度编写《公园城市发展报告》，成功举办三届公园城市论坛，与国内外学者交流公园城市发展动态，发布《公园城市指数》等成果，为量化评价公园城市建设成效奠定基础。

1.2.2 伦敦：更绿色、更健康、更原生的国家公园城市

伦敦是英国乃至欧洲绿道发展的代表性城市，其显著特征是绿道与城市开放空间及绿色基础设施紧密相连，同时与城市绿色交通系统融合衔接。1991 年伦敦《绿色战略报告》提出构建由步行道、自行车道、生态廊道、河流廊道叠加而成的开放空间系统。进入 21 世纪，伦敦自行车网络、步行网络、蓝带网络（河道网络）、绿色基础设施网络陆续被提到城市公共政策层面得以实施。

2017 年伦敦市提出建设"国家公园城市"（National Park City）① 构想，推动城市更绿色、更健康、更原生（Greener，Healthier，Wilder）。《国家公园城市通用宪章》（Universal Charter for National Park Cities）提出国家公园城市是"一处场所、一种愿景、一个涵盖城市全部范围的社区，人们共同努力让人类生活、野生动物栖息和自然环境都变得更加美好，其显著特征是居民、游客和决策者普遍承诺并采取行动，通过人类、文化和自然的共同努力为生活提供更好的基础"。

2018 年的《伦敦环境战略》②，将"国家公园城市"作为绿色基础设施战略的首要目标，致力于以国家公园的高生态质量融合复杂多样的城市空间，促进人与自然的和谐发展。计划将绿地覆盖率提高到 50% 以上，保护自然环境并惠及全体市民。2018 年《伦敦市长交通战略》以"健康街道"③

---

① "国家公园城市"概念由地理学家、环境保护人士丹尼尔·雷文 – 埃里森（Daniel Raven-Ellison）于 2013 年提出，他认为"国家公园和国家公园城市之间的唯一区别是，城市环境和景观与雨林、极地或沙漠地区同样重要。我们不应该仅仅因为我们是这一景观中的优势物种而将自己与自然疏远"。

② 《伦敦环境战略》（London Environment Strategy）是大伦敦地区的首部综合环境战略文件，朝向"最绿色全球城市""零碳城市""零废城市"等目标，主要包括 6 方面内容：空气质量、绿色基础设施、减缓气候变化与能源、废弃物、适应气候变化、环境噪声。

③ 健康街道（Healthy Streets）包含 10 个指标：人人都是步行者；鼓励人们选择步行、骑行和公交；洁净的空气；感觉安全；降低噪声；易于过街；有停留休息场所；有遮阴挡雨设施；使人感到放松；可观赏与可参与。

为核心，提出建设全球"最适宜步行"城市，设立了 2041 年之前步行、自行车、公共交通出行比例达到 80% 的发展目标。从长远来看，伦敦将更加绿色，人与自然的联系更加紧密；保护公园和绿地核心网络，建筑和公共空间不仅仅由石头、砖块、混凝土、玻璃和钢铁定义；拥有丰富的野生动物，每个孩子都可以从户外探索、玩耍和学习中受益；人人都可以享受优质绿地、清新空气、清洁水道，更多人选择步行和骑行。

在伦敦建设"国家公园城市"的背景下，绿道将持续与城市绿色交通系统、公共空间系统、绿色基础设施同步完善，发挥三个方面的积极作用。第一，绿道系统与城市慢行及旅游线路进一步融合发展，改善绿色出行环境，提高安全性、可达性与体验性。第二，绿道网络可有效联系不同类型的公共空间、户外活动场所及城市景观节点，同时提供多样化的服务功能，鼓励更多地使用和参与，促进人与自然的交流。第三，绿道建设与不同规模的城市更新项目紧密结合，优化城市空间利用。绿道结合水系廊道推进环境综合整治，结合产业廊道打造城市活力走廊，结合公共建筑、街道、口袋公园改造等提升环境品质并增加城市绿量，强调人性化与精细化设计。

1.2.3　新加坡：大自然中的城市

新加坡是著名的"花园城市"，也是亚洲城市公园环境与绿道同步发展的代表，基于高密度的建成环境，建设"公园连接道"（Park Connector）系统，在城市的不同发展阶段均发挥了重要作用。20 世纪 90 年代建设的公园连接道系统将"花园城市"的零散绿地联系起来，提升绿色开放空间的可达性与服务功能。进入 21 世纪，公园连接道建设与水网、路网等紧密结合，充分改造利用城市低效土地，构建具有绿色出行、休闲旅游、生态环保等多功能的廊道网络，从"花园里的城市"走向"花园与水的城市"。近年来在公园连接道系统的基础上，新加坡还发展了"自然之道"（Nature Ways）系统，即在原有道路绿化带的基础上，补充搭配种植特定的露生层、树冠层、林下层、灌木层等植物，重建与天然森林的相似的栖息环境，有效加强生态连通并提高生物多样性，改善宜居环境并使城市居民更接近大自然。

2021 年的《新加坡 2030 年绿色发展规划》（Singapore Green Plan 2030）旨在推进可持续发展，实现 2050 年零碳目标。该规划提出建设"大自然中的城市"（City in Nature），营造绿色、宜居、可持续的家园，并将自然环境延伸至全岛以建立碳汇系统。计划改造并新增公园和自然公园，持续拓展公园连接道网络，实现每个家庭都可在 10min 步行范围内到达公园，进一步增强全岛的生态链接和韧性。未来新加坡公园连接道系统将持续融合高密度的城市建成环境，强调对土地资源的高效利用，作为自然互动及社区营造的综合媒介，在建设可持续宜居家园、助力提升碳中和能力、引领绿色生活方式、培养归属感、促进共建共享共治等方面发挥积极作用。

1.2.4 未来公园城市发展趋势

公园城市是全面体现新发展理念的城市发展高级形态，未来公园城市呈现六大发展趋势：

一是更自然生态，公园城市建设应顺应自身水系、山脉等自然资源特征；

二是更系统连通，通过网络化游憩系统，提高公园城市便捷性、可达性；

三是更以人为本，完善各类服务设施，满足不同人群需求；

四是更公平共享，为市民提供最普惠的民生福祉；

五是更融合复合，注重公园和城市在空间与功能上的深度融合；

六是更韧性高效，尊重自然规律，提高应对自然灾害的能力。

1.3　绿道在公园城市建设中的意义

前一节分析了绿道伴随着城市建设同步发展，是城市公共空间及绿色基础设施系统的有机组成部分，与城市绿色交通系统衔接融合，也是城市休闲游憩网络的重要路线。绿道是公园城市建设的重要内容之一，是实现"人、城、园（大自然）"三元互动平衡、和谐共荣的重要途径。本节将在前一节的基础上，从四个方面分析绿道对于公园城市建设的重要意义。

1.3.1　活化公园城市内涵特征的多功能网络

公园城市的本质内涵可以概括为"一公三生"，即公共底板上的生态、生活和生产。"一公三生"同时也是"公""园""城""市"四字所代表的意思的总和，奉"公"服务人民、联"园"涵养生态、塑"城"美化生活、兴"市"绿色低碳高质量发展。绿道规划建设能够切实活化公园城市的内涵特征，主要体现在以下三个方面。

第一，绿道是奉"公"服务的民生工程。绿道为市民提供亲近自然、放松休闲、游憩健身、绿色出行的场所与途径，有助于补齐城市公共服务设施短板，增强人民的获得感和幸福感，突出以人民为中心的价值观。

第二，绿道是联"园"、塑"城"的重要网络。绿道可以促进生态保护修复，参与构筑山水林田湖草沙生命共同体；同时加强城乡统筹，完善城市蓝绿空间系统，提升宜居环境品质，美化城市景观风貌，传承城市历史文化，突出以生态文明引领的发展观。

第三，绿道是兴"市"低碳建设转型的有效助力。绿道是优化国土空间利用的优良载体，可参与构建休闲、交通、生态、旅游等多功能网络；发展绿道经济推动生态价值转化，引导沿线产业转型创新，促进高质量发展，最终达到"人、城、境、业"的和谐统一。

1.3.2　优化公园城市形态格局的顶层策略

公园城市建设坚持以人民为中心、以生态文明为引领，落实新发展理念，将公园形态与城市空间有机融合，推动城市高质量发展。在公园城市导向下，从顶层策略的角度，以绿道为载体，有机衔接公园形态与城市空间格局，实现"人、城、境、业"的高度和谐统一。

绿道布局立足于各地自然山水及历史人文资源条件，构建休闲健身、绿色出行、生态环保等多功能网络，助力协调生态、生活、生产空间，是"园中建城、城中有园、城园相融、人城和谐"的重要策略，在不同层面有不同侧重：

第一，绿道在宏观层面参与构建区域及市域尺度的绿色空间网络，加强生态保护修复与环境综合治理，完善山水林田湖草沙生命共同体，前瞻引导城镇拓展并加强乡统筹。

第二，绿道在中观层面优化城区蓝绿空间系统，提高开放空间的可达性与使用率，均衡公共服务；同时也是非机动出行与旅游体验网络的重要组成部分，串联地域性资源，展示城市特色风貌。

第三，绿道在微观层面衔接社区生活圈，可以结合老旧小区改造及城市更新，补齐居住社区建设短板，推进适老适幼化改造，落实全龄友好，提升宜居环境，促进社区营造与共建共享共管。

1.3.3 践行公园城市建设模式的优良载体

公园城市建设要求转变城市发展思路，其核心是增进民生福祉、创造美好生活，根本是强化生态本底、引领色发展，关键是塑造优美环境、激发经济活力。绿道可以促进城市建设模式实现"三个转变"，有效推动公园城市建设，助力城市高质量发展。

第一，从"在城市中建公园"向"公园中建城市"转变。绿道作为联系"人、城、园（大自然）"的互动纽带，注重连通性、参与性与体验性，从环境改善与功能拓展两个方面同时发力，推动公园与城市的深度融合。

第二，从"产—城—人"向"人—城—产"发展逻辑转变。绿道作为重要的民生工程，切实提升服务效能，优化宜居宜业环境，引领绿色生活生产方式，推动沿线区域"增存并重的内涵式发展"，促进产业转型升级。

第三，从"空间建造"向"场景营造"转变。绿道不仅提供实用的设施与场地，还提供感受城市文化、承载城市记忆、激发城市活力的场所，增强空间归属感，达到休闲体验与审美感知的统一。

1.3.4 实现公园城市核心价值的重要元素

公园城市具有六大核心价值：绿水青山的生态价值、诗意栖居的美学价值、以文化人的人文价值、绿色低碳的经济价值、简约健康的生活价值、美好生活的社会价值。绿道对于上述六大核心价值均有贡献。

绿道建设依托绿水青山自然资源，结合生态环境保护与修复，构建山水林田湖草沙生命共同体，布局高品质蓝绿空间体系，将"城市中的公园"升级为"公园中的城市"，形成人与自然和谐发展的新格局，实现公园城市的生态价值。

绿道系统加强绿色开放空间与城市环境的耦合，助力打造城市内外一体的生态服务体系，体现城绿交融之美；绿道建设适应环境条件和地域特征，契合市民使用需求，参与构建全域公园体系，体现城市风貌之美，实现公园城市的美学价值。

绿道建设依托、保护、串联历史文化资源，延续城市肌理与传统文脉，展示城市文化魅力，有助于增强城市文化认同感、自豪感与归属感，提高城市文化影响力与软实力，实现公园城市的人文价值。

绿道有效盘活沿线存量土地，引导相关产业布局优化与提质升级，融入多样化的业态，创造多元化的消费场景，积极扩大内需，有利于培育城市转型发展新动能，实现公园城市的经济价值。

绿道是城市公共服务系统的有机组成部分，提升城市环境品质，提供开放共享的公共空间，鼓励市民绿色出行与户外活动，促进身心健康；同时提供避灾疏散通道，提高城市韧性，保障城市公共安全，实现公园城市的生活价值。

绿道具有休闲健身、绿色出行、生态环保、社会与文化、旅游与经济五大功能，发挥城市资源优势，营造优质绿色公共空间，促进人与人、人与城、人与自然的和谐共生，推动形成绿色发展方式和生活方式，实现公园城市的社会价值。

1.4　公园城市导向下的绿道发展模式

1.4.1　自上而下的网络拓展

目前我国绿道规划的编制范围多与行政区域紧密结合，有省域、城市群、市域（区）、县域、乡村等不同层级，相应地也形成了自上而下的绿道网络拓展模式。这种模式的优点是有自上而下的总体框架指引，串联整合资源布局长距离路线，便于跨区域协调，以及不同行政区域分层级逐步落实。但这种发展模式往往更关注于从"城"到"园"的宏观尺度，而在从"城、园"到"人"的中观、微观尺度存在缺失。一方面社区级绿道规划布局与建设不够完善，另一方面容易忽视绿道游径与公园园路、城市水系、城市慢行系统等的衔接融合。

1.4.2　自下而上的脉络生长

在各地绿道实际建设过程中，某些资源条件较好或联系若干重要区域的线路往往作为示范段先于绿道网总体规划而实施，也有些绿道线路与城市更新改造、郊野公园、文化旅游线路等建设相结合，形成了自下而上的绿道脉络生长模式。这种模式较好地实现了从"人"到"园"的中观、微观尺度下绿道与沿线环境的协调，而在从"园"到"城"的宏观尺度则存在一定局限。

1.4.3　与时俱进的升级迭代

鉴于我国绿道建设与城镇化建设的同步性，应结合城市发展建设，与时俱进地推进绿道升级迭代。目前部分绿道发展建设的先进地区已经出现了这种情况，绿道功能拓展大致可分为三个阶段。第一阶段为满足基本慢行游憩功能的绿道，为步行和自行车骑行提供连续的通道。绿道功能较单一，环境景观仅沿线进行打造，绿道综合效益尚未发挥。第二阶段为有机结合蓝绿空间的绿道，与周边环境形成联动，共同构成一个整体。绿道逐渐摆脱单一的通行功能，并加强连通性与网络性。第三阶段为完善自我造血机能的绿道，紧密联系周边用地，促进沿线区域更新与发展。实现从"空间建造"到"场所营造"的转变，同时引入多样化的建设运营模式，实现绿道的复合功能。

综上所述，在公园城市导向下，应该将自上而下、自下而上、与时俱进三种发展模式统筹结合起来，以绿道为载体连通"人、城、园（大自然）"，构建完善城乡蓝绿空间系统、优化国土资源利用的复合网络，形成服务百姓民生的多功能路线，打造展示地域特色、促进经济发展的综合性廊道。

1.5　公园城市导向下的绿道发展策略

本节在前四节的基础上，从四个方面提出公园城市导向下的绿道发展策略。

1.5.1　前瞻规划，多网融合

我国绿道在现状用地基础上复合建设，用地是影响绿道网络连通及复合功能的最关键因素。在推动城乡建设绿色低碳转型和国土空间规划改革持续深化的背景下，前瞻性与融合性是保障绿道网络布局与公园城市形态高度协同的重要策略，主要包含以下两方面：

第一，前瞻规划加强现代科技应用。以国土空间基础信息平台和城市大数据平台建设为契机，提取并整合各类空间关联数据，为绿道规划选线提供更为科学的依据。强化绿道规划与"五级三类"规划的衔接，建议在国土空间规划中前瞻性地考虑复合用地，结合全域土地综合整治试点工作，为绿道发展预留弹性空间，有效支撑落地实施。

第二，多网融合优化国土空间利用。鼓励绿道网、水网、林网、路网等"多网融合"，促进休闲健身、绿色出行、生态环保、文化旅游等多功能网络的同步构建。同时强调"合而不同"，保证各网络自身的完整性与独立性，重视功能的互补性与兼容性，实现国土空间的高效利用，引领低碳发展。

1.5.2　统筹建设，多道合一

聚焦于绿道的联系性与多功能性，倡导绿道与道路、园林绿化、排水防涝、水系保护与生态修复，以及环境治理、防灾避险等工程的一体化统筹建设。积极跨部门、跨专业协作，实践绿道与慢行道、河道、风道、生态廊道、景观廊道、文化遗产廊道等"多道合一"，实现公园城市的多元价值。主要着重于以下三方面：

第一，绿道与城市带状绿色开放空间融合发展。优化利用带状公园绿地、滨水绿地、道路绿带、防护隔离绿带、风景林带等，在不影响绿地原有功能发挥、保证环境品质与使用安全的基础上完善服务功能，推进"绿中融道"，提高参与性与体验性。

第二，绿道与城市慢行系统融合发展。逐步实践街道 U 形空间的一体化规划设计，统筹道路红线、城市绿线与建筑退线空间，在保障通行安全的基础上，推进"道上添绿"，改善绿色出行环境，美化活化街道公共空间。

第三，绿道与体育运动、自然观察、文化旅游等线路融合发展。绿道成为承载丰富活动的"脉络"，应统筹考虑使用主体、区段与时段、活动内容等方面的差异性，进行空间的合理布局与设计，让群众充分享受绿道带来的福祉。

1.5.3　因道增绿，城园一体

公园城市最直观的特征就是"公园化"的城市环境，既要提升公共绿色空间的数量与品质，又要强化公共绿色空间与其他城市空间的互动与交融。绿道建设可从以下两方面着手，优化公园城市形态，助力实现公园城市的精明增长。

第一，加强"依道护绿"，积极"因道增绿"。立足山林、水系、田园等资源条件进行环境提升，保护修复生态空间，切实保护农业空间，优化美化城镇空间。结合绿道建设，因地制宜增加绿色公共空间，完善城市蓝绿空间系统，加强城乡生态连通，促进山水林田湖草沙生命共同体建设。

第二，巩固"以道串园"，促进"城园一体"。与公园绿地开放共享、社区生活圈、活力街区建设等有机融合，加强城郊之间、公园内外、社区内外的绿道建设与衔接，丰富城市景观，形成"公园化"的绿色公共空间网络。同时结合城市更新，盘活绿道沿线"金角银边"等存量土地，建设口袋公园等小微绿地，完善文体活动场地及设施，注重全龄友好，助力老旧小区改造及完整社区建设。

1.5.4　场景营造，共建共享

公园城市要实现高质量发展、高品质生活、高效能治理相结合。绿道建设可从以下两方面着手打造"公园城市示范场景"，创造"公园城市美好生活"。

第一，营造智慧低碳场景，探索"以道怡人、以道营城、以道化境、以道兴业"的复合价值转化路径。绿道建设立足城市资源条件，提升智慧服务与在地体验，实现时间与空间维度的多重"链接"，将生活与工作、出行与运动、休闲与娱乐、文化与旅游、郊野与自然等场景串联融合起来，保护并提升生态环境，优化宜居与营商环境，匹配适宜的业态、活动与设施，强化场所特征，促进绿道与沿线环境的互动发展，实现"人、城、境、业"的和谐统一。

第二，以人为本促进共建共享，引领生活方式和发展方式绿色转型。积极探索在绿道规划设计、建设管理、运营使用的全过程中，促进政府、市场、社会公众共同参与的体制和机制，明晰多元主体的权责关系，在保证绿道公益属性的前提下，提升绿道自身"造血"能力，推进美好环境与幸福生活共同缔造，推动城市治理重心向社区下沉。

第 2 章

公园城市建设中的绿道实践

本章选取成都、深圳、上海三个国内公园城市与绿道建设协同发展的代表性城市进行研究。首先从各城市的发展概况入手，按照时序脉络对公园城市与绿道建设进行梳理；随后对相关规划及政策规范进行解读，最后选取优秀案例进行解析。关注国家宏观政策导向、城市发展定位、地域资源禀赋等对公园城市及绿道建设的影响，着重分析公园城市与绿道建设协同发展过程中的良性互动，以期探寻共性规律，为我国其他地区的公园城市与绿道建设提供可推广借鉴的经验。

2.1　成都市：营造公园城市绿道场景

2.1.1　发展概况

成都位于四川盆地西部，西部以深丘和山地为主，东部由平原、台地和低山丘陵组成，市域范围内形成了平原、丘陵、高山各占三分之一的独特地貌。成都境内河网纵横、物产丰富、农业发达，自古享有"天府之国"的美誉。成都是古蜀文明发祥地，国家历史文化名城，名胜古迹众多。

成都在经历了20世纪90年代"做强城市"、21世纪前10年"以城带乡"的基础上，迈入"城乡共荣"阶段。2010年发布《成都市健康绿道系统规划》，提出构建覆盖全域、连接城乡的多功能绿道系统。自此成都绿道建设不断推进，取得了丰硕成果。2017年，结合成都新一轮城市总体规划以及中心城区范围拓展，公布了新的《成都市天府绿道规划建设方案》，进一步优化绿道网络布局，拓展绿道里程与功能。

2018年2月，习近平总书记视察成都，首次提出"公园城市"理念，要求"突出公园城市特点，把生态价值考虑进去"，由此开启了成都"公园城市"建设新阶段。2021 年发布的《成都市国民经济和社会发展第十四个五年规划和二〇三五年远景目标纲要》确定了 2025 年基本建成践行新发展理念的公园城市示范区的发展目标。2022 年 2 月，国务院正式批复同意成都建设践行新发展理念的公园城市示范区。成都作为我国公园城市建设的先行地，坚持国际视野、体系支撑持续完善顶层设计，形成了理论研究、规划技术、指标评价和政策法规四大体系。

一是理论研究体系。组建公园城市建设发展研究院，聘请权威专家组成顾问委员会，系统开展公园城市内涵、形态、价值转化等研究，形成《公园城市——城市建设新模式的理论探索》等 20 余部研究著作，成功举办三届公园城市论坛，发布《公园城市成都共识》等 30 余项成果，公园城市理论框架体系初步形成。

二是规划技术体系。编制形成"总体规划 + 专项规划 + 技术指引"三级规划技术体系，将"公园城市"建设目标纳入《成都市国土空间总体规划（2020—2035 年）》（草案），出台《成都美丽宜居公园城市规划》等专项规划 11 部，公园社区人居环境营建、公园（绿道）场景营造、街道（河道）一体化建设和业态融合指引等技术指引 33 项，将"公园城市"落实到城市建设的各个领域。

三是指标评价体系。联合国内知名研究机构和大学，在市级层面形成公园城市"两山"发展指数，四川天府新区在实践基础上研究形成《公园城市指数》，为量化公园城市建设成效奠定基础。

四是政策法规体系。出台《成都市美丽宜居公园城市建设条例》《成都市龙泉山城市森林公园保护条例》等地方性法规，将公园城市建设的思路、目标、举措以立法的形式固定下来，努力将制度优势转化为治理效能。

绿道作为成都"公园城市"建设的优良基础、重要内容和特色场景之一，助力构建公园形态与城市空间融合格局，推动蓝绿交织、联系城乡的公园体系建设。截至 2023 年 7 月，天府绿道累计建成总里程突破 6500km，在"景观化、景区化、可进入、可参与"的思路指导下，建立万园相连、全龄友好的全域公园体系并完善生态网络，同时植入文体旅商农功能，弥补城市文化体育设施短板，增加市民休憩空间，打造城市"活力绿脉"，产生了巨大的生态、社会、经济和文化效益。

2.1.2 相关规划及政策规范解读

2.1.2.1 绿道相关规划

1.《成都市健康绿道系统规划》

2010 年成都健康绿道规划两级绿道：Ⅰ级健康绿道是贯穿市域的骨干绿道，Ⅱ级健康绿道主要是中心城、区（市）县（含乡镇）等区域的支线绿道。在两级绿道之外规划健康绿道连接线，借用公路、城市道路等的机动车道或非机动车道、人行道来承担连通功能，确保绿道网的连续性和完整性。

Ⅰ级健康绿道总长 1117km，包含 9 个主题，呈现"环线 + 放射"结构，连接水系、山体、田园、林盘、自然保护区、风景名胜区、城市绿地以及城镇乡村、历史文化古迹、现代产业园区等自然和人文资源，形成覆盖全域的绿道网络。

成都中心城区健康绿道总长 490km，形成"三环、六线、多网"的结构，"三环"为外环路绿道、三环路两侧绿道和内环滨河绿道，"六线"主要依托河流及绿化廊道布局，"多网"则主要依托公园绿地及景区建设。

2.《成都市天府绿道规划建设方案》

2017 年 9 月公布的《成都市天府绿道规划建设方案》，提出天府绿道应统筹绿色生态、绿色功能、绿色交通、绿色产业、绿色生活五大体系，具备生态保障、农业景观、休闲旅游、文化博览、体育运动、慢行交通、海绵城市、应急避难八大功能（图 2-1、图 2-2）。按照建设大生态、构筑新格局的思路，梳理成都市域生态基底和城乡建设用地情况，结合"双核联

绿色生态体系	绿色功能体系	绿色交通体系	绿色产业体系	绿色生活体系
串联市域生态区、绿带、公园、小游园、微绿地五级绿化体系。	16930km 三级绿道融合全域文化、体育、旅游、农业、商业等资源。	串联公交、轨道站点，接驳慢行系统，构建绿色交通网络。	串联 66 个产业功能区，营造文体旅商农融合消费场景。	串联城乡社区、公共服务设施，享受宜人宜居高品质生活。

图 2-1 成都天府绿道五大体系

图 2-2　成都天府绿道八大功能

资料来源：四川省建筑设计研究院有限公司

动、多中心、网络化"城市格局和"两山两环两网六片"生态禀赋，遵循"可进入、可参与、景观化、景区化"的规划理念，以人民为中心、以绿道为主线、以生态为本底、以田园为基调、以文化为特色，规划覆盖成都全域的区域、城区、社区三级绿道网络，总长达 16930km。

规划区域级绿道总长 1920km，形成"一轴、两山、三环、七道"的总体结构。其中"一轴"为锦江绿道，"两山"为城市东西两翼的龙门山及龙泉山森林绿道，"三环"为熊猫绿道、锦城绿道及田园绿道 3 条结合环状道路的绿道，"七道"为走马河、江安河、金马河、杨柳河—斜江河—出江河—临溪河、东风渠、沱江—绛溪河、毗河 7 条滨河绿道。规划城区级绿道总长 5380km，衔接区域级绿道，在城市各组团内部成网。规划社区级绿道总长 9630km，衔接城区级绿道，串联社区内幼儿园、卫生服务中心、文化活动中心、健身场馆、社区养老等设施，体现"绿满蓉城"的宜居品质。

3.《天府蓝网总体建设规划》（征求意见稿）

该规划提出天府蓝网是以河湖水系为基础、岸线绿地为关键、滨水空间为协调，统筹推动资源防洪安全保障、自然生态系统修复、人居环境改善、多元业态融合、城市活力激发和历史文脉延续等，通过水岸城一体化打造，彰显文化底蕴、营造生活场景、引领城市发展的价值体系。

该规划提出刚弹结合、水岸城一体的"蓝绿橙区"蓝网空间范围（图 2-3）。核心区（蓝区），包含蓝线或常水位线范围，是保障水网本底清洁安全的生态空间；控制区（绿区），包含滨河绿线或绿化控制带范围，是

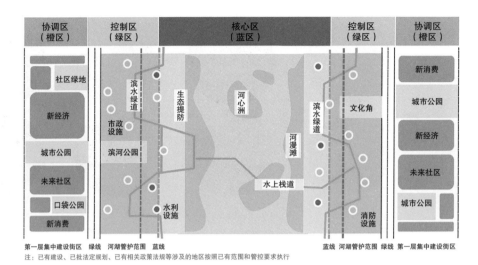

图 2-3 城镇型蓝网空间范围示意图

实现蓝绿融合的亲水空间；协调区（橙区），包含滨水第一层集中建设街区
或生态保护的范围，是体现价值转换的城乡功能空间。

该规划提出"蓉水、融岸、荣城"的核心理念，着力完成"安全生态
本底"和"生态价值转化"两大主要任务，科学设定天府蓝网规划建设分
期目标，依据"三江九带，三级三类"的整体格局，结合全生命周期理念，
分批启动示范性项目建设。2025 年建设 1000km 天府蓝网。2035 年形成
"三江润城、百河为脉、千渠入院、万里织网"的天府蓝网整体格局，呈现
绿满蓉城、花重锦官、水润天府的城市盛景。

该规划提出建设更具韧性的资源之网、可控可亲的生态之网、水清岸
绿的生态之网、蓝绿无界的纵横之网、引领发展的价值之网、彰显魅力的
文化之网。中心城区突出水网对资源价值的挖掘和与城市更新的结合，城
市新区突出水系形态与城市功能、新风景与新经济的互动融合，郊区新城
突出生态产品、特色功能对于城乡发展的支撑。

2.1.2.2 公园城市相关规划

1.《成都美丽宜居公园城市规划》

结合对成都建设公园城市基础条件的全面判识与新一轮城市总体规划
要求，规划明确了美丽宜居公园城市"三步走"的发展目标。到 21 世纪中
叶，将全面建成美丽宜居公园城市，形成以绿色为底色、以山水为景观、

以绿道为脉络，以人文为特质、以街区为基础的"人、城、境、业"和谐统一的新型城市形态。

　　围绕"人、城、境、业"四大维度，形成构建公园城市的十八条规划策略（图 2-4）。首先，围绕服务"人"，一方面以人立城，营造"公园 +"开放舒适的生活街区、优质共享的公共服务、富含活力的工作场所、丰富多元的游憩体验、简约健康的出行方式；另一方面以文润城，营造"公园 +"融汇古今的人文感知和特色鲜明的人文生活。其次，围绕建好"城"以形筑城，塑造岷江水润、茂林修竹、美田弥望的大美田园，蜀风雅韵、大气秀丽、国际时尚的城市风貌和串联城乡、全民共享、功能多元的天府绿道；建设链接全球、外快内畅的国际门户枢纽城市与绿色高效、低碳智能的可持续发展城市。再次，围绕美化"境"以绿韵城，构筑三生共荣的城乡格局与和谐共生的自然生境，塑造碧水蓝天的优美环境与绿满蓉城的公园绿境。最后，围绕提升"业"，突出以业兴城，全面构建清洁高效的绿色能源体系，构建循环集约的绿色产业体系，营造"公园 +"新经济与"公园 +"新消费。

　　"塑造串联城乡、全民共享、功能多元的天府绿道"是构建公园城市的重要规划策略之一，是以形筑城的重要元素，规划提出了三项要求。第一，

营造"公园 +"开放舒适的生活街区
营造"公园 +"优质共享的公共服务
营造"公园 +"富含活力的工作场所
营造"公园 +"丰富多元的人文感知
营造"公园 +"简约健康的出行方式

塑造岷江水润、茂林修竹、美田弥望的大美田园
塑造蜀风雅韵、大气秀丽、国际时尚的城市风貌
塑造串联城乡、全民共享、蓝绿交织的天府绿道
建设链接全球、外快内畅的国际门户枢纽城市
建设绿色高效、低碳智能的可持续发展城市

构筑三生共荣的城乡格局
构筑和谐共生的自然生境
塑造碧水蓝天的优美环境
塑造绿满蓉城的公园绿境

构建清洁高效的绿色能源体系
构建循环集约的绿色产业体系
营造"公园 +"新经济
营造"公园 +"新消费

图 2-4　成都建设公园城市的维度与路径

构建全域天府绿道体系，在《成都市天府绿道规划建设方案》的基础上，各区（市）县编制分区详细规划，进一步细化城区级和社区级绿道。第二，加强绿道的要素集聚和引导作用，以绿道为载体，优化城乡空间形态，提升公园城市整体形象；营造多元场景，增强经济文化扩散效应。第三，提升绿道营建和筑景水平，打造公园城市新景区与新景观。

该规划还提出按照"可进入、可参与、景区化、景观化"的要求，营建六大公园场景（图 2-5）。天府绿道不仅是六大公园场景之一，也是其他五大公园场景中重要的串联与协调元素。把公园建设融入天府绿道建设，以区域级绿道为骨架，城区级绿道和社区级绿道相互衔接，构建天府绿道体系，串联城乡公共开敞空间、丰富居民绿色健康活动、提升公园城市整体形象。

图 2-5　六大公园城市场景示意图

2.《成都建设践行新发展理念的公园城市示范区总体方案》

该方案提出"城市践行绿水青山就是金山银山理念的示范区、城市人民宜居宜业的示范区、城市治理现代化的示范区"的发展定位，明确了 2025 年和 2035 年的发展目标。该方案提出厚植绿色生态本底，塑造公园城市优美形态，包括构建公园形态与城市空间融合格局，建立蓝绿交织公园体系，保护修复自然生态系统，挖掘释放生态产品价值，完善现代环境治理体系，塑造公园城市特色风貌。

该方案描绘"绿满蓉城、水润天府"图景，建立万园相连、布局均衡、功能完善、全龄友好的全域公园体系。建设以"锦城绿环"和"锦江绿轴"为主体的城市绿道体系，完善休闲游憩和体育健身等功能，为城市戴上"绿色项链"；依托岷江、沱江建设城市生态蓝网系统，强化水源涵养、水土保持、河流互济、水系连通，加强水资源保护、水环境治理、水生态修复，提高水网密度，打造功能复合的亲水滨水空间。绿道既是重要的公园连接体，又是联系百姓民生的游憩健身场景，还是富有魅力的休闲旅游消费场景，对于节约集约利用国土空间、提升宜居宜业环境、推行绿色低碳生活方式、提升文化旅游魅力、激发公园城市经济活力等都有重要意义。在该方案的基础上，《成都建设践行新发展理念的公园城市示范区行动计划（2021—2025 年）》进一步明确了实施计划与具体任务。

3.《成都市"十四五"公园城市建设发展规划》

该规划为成都市"十四五"期间公园城市建设的行动纲领，提出"加强生态保护修复，厚植公园城市生态本底；构筑青山绿道蓝网，塑造公园城市优美形态；锚定实现'双碳'目标，推进城市绿色低碳转型；创造宜居美好生活，增进公园城市民生福祉"等主要内容，将绿道建设作为公园城市建设的重要抓手与支撑。

第一，从建设发展指标设置上将公园活动场地与绿道并置，明确量化要求并强调实际服务功能，突出对绿道建设的重视。该规划将公园绿化活动场地服务半径覆盖率 90% 定为约束性指标，将累计建成各级绿道 10000km、城市绿道服务半径覆盖率 95% 定为预期性指标。

第二，保护"两山、两网、两环、六片"的全域生态格局，将绿道建设与龙泉山、龙门山森林绿心，岷江、沱江水网，两道绕城高速生态环绿色空间，六片郊野田园生态绿隔的生态保护与修复紧密结合，增强城市安全韧性，并将山水林田湖草等自然景观引入城市。

第三，将青山绿道蓝网作为塑造公园城市优美形态重要元素，同步推进全域增绿增景。"一轴两山三环七带"天府绿道体系串联全域公园及城乡节点，打造交融山水、连接城乡、覆盖全域的生态"绿脉"及绿色交通网络。构建"三江润城、百河为脉、千渠入院、万里织网"的天府蓝网，促进生态要素与公共服务设施布局的有机融合。

第四，打造"绿道经济"品牌，实施公园（绿道）业态融合指引，推动生态消费场景工程落地，以品质场景引导新经济新消费功能的集聚。以绿道为载体助力发展低碳旅游，完善绿色服务业体系。构建以天府绿道为主体的绿色慢行系统，强化社区绿道建设，打造"回家的路"最后一公里公园生活方式。

第五，将绿道建设与城市更新紧密结合，提升老旧片区公共空间品质并完善公共服务设施。加强"金角银边"城市空间更新利用，推进绿道与社区公园、小微绿地等的一体化打造。绿道建设与"15min 公共文化服务圈""15min 健身圈"等相结合，突出全龄友好，增进公园城市民生福祉。

2.1.2.3 公园城市论坛

成都市开启了"公园城市"建设后，已举办三届公园城市论坛，组建高端智库开展相关学术研究，并持续对实践成果进行总结与反思，取得了丰硕的成果。

2019 年的首届公园城市论坛以"公园城市·未来之城——公园城市的理论研究和路径探索"为主题，汇集国内外相关领域专家学者，共同研讨、总结和提炼具有全国推广价值与示范意义的公园城市发展理论和实践经验。该论坛发布《公园城市成都共识 2019》，包含十项内容：一、探寻新时代城市可持续发展道路；二、注重生态优先绿色发展理念引领；三、彰显以人为本城市人文关怀特质；四、构建大美公园城市时代价值标杆；五、塑造"人、城、境、业"和谐统一城市形态；六、营建绿水青山秀美人居城市绿韵；七、感知多元包容开放创新城市文化；八、丰富现代时尚宜业宜居场景体验；九、倡导简约适度绿色低碳生活方式；十、携手共创公园城市发展美好愿景。同时发布专著《公园城市：城市建设新模式的理论探索》，由天府公园城市研究院牵头，联合中央党校、联合国人居署、清华大学、同济大学、国家发展和改革委员会城市和小城镇改革发展中心、中国社会科学院等国内外权威研究机构开展首批 8 个重大课题研究，形成了公园城市理论体系。

2020 年的第二届公园城市论坛以"公园城市·未来之城——践行新发展理念的公园城市示范区"为主题，由天府新区联合中国城市规划学会编制的全国首个公园城市指数（框架体系）正式发布。聚焦 1 个发展目标（和谐美丽、充满活力的永续城市），5 个领域（和谐共生、品质生活、绿色发展、文化传扬、现代治理），从 15 个方向为公园城市建设提供了目标导航和度量标尺。该论坛还发布了《公园城市发展报告 2020——发展新范式》蓝皮书，对公园城市建设中涉及的重大理论和实践问题进行深入探讨，科学构建了公园城市的理论内涵与评价指标体系，选定成都 20 个区（市）县为评价对象，探索形成公园城市示范基准，系统总结了 12 个成都建设公园城市的典型案例，力图为成都在新时代探索公园城市发展新范式提供理论支撑和示范区标准。同时发布的专著《公园城市：成都实践》，包括实践综述、专家论述、案例阐述三大篇章。该论坛还发布了"成都公园城市场景机遇图"信息平台、《成都市公园社区规划导则》等。

2021 年受新冠疫情影响未举办公园城市论坛，发布了《公园城市发展报告 2021——迈向碳中和的城市解决方案》蓝皮书，对成都市公园城市建设中碳达峰、碳中和相关理论问题和实践问题进行了深入探讨，构建了新发展理念下公园城市迈向碳中和的理论框架。2022 绿色发展国际科技创新大会上发布的《公园城市指数研究报告 2021》，基于公园城市指数框架，将 1 个发展目标、5 个领域、15 个方向细化为 45 个指标。

2023 年第三届公园城市论坛和第六届国际城市可持续发展高层论坛同期举办，以"践行新发展理念的城市实践"为主题，发布了《公园城市指数 2022》，进一步明确并强化了"价值引领、人民感受、客观数据、科学计算"的原则与方法，形成"1 个总目标、5 个重点领域、15 个指数、45 个指标"的综合评估体系（图 2-6）。该指数来源于成都市的丰富经验和大量理论研究，也借鉴了全国其他城市的实践案例，将适用于成都的特定方法，上升为具有普遍指导意义的解决方案。未来将建立覆盖全国所有地级以上城市的公园城市数据库，并与联合国人居署合作链接全球城市数据，使得国内外城市都可运用这套工具，在指数评估体系中精准定位、开放互鉴，找到适用于自身的转型发展之路，有效推动公园城市理念应用推广。该论坛还发布了《公园城市发展报告 2022——和谐共融的场景营造》蓝皮书，聚焦公园城市生态、生活、生产和治理四个维度，对公园城市示范区建设的理

1 个总目标

和谐美丽、充满活力的永续城市

5 个重点领域

和谐共生　品质生活
绿色发展　文化传扬
现代治理

15 个指数

安全永续、自然共生、环境健康、城园融合、田园生活、人气活力、生态增值、生态赋能、绿色低碳、文脉传承、文化驱动、开放包容、依法治理、多元共治、智慧治理

45 个具体技术指标

……

图 2-6　公园城市指数综合评估体系

论范式、典型案例、实践经验和实施路径进行系统深入的研究。同时发布《成都建设践行新发展理念的公园城市示范区发展报告》，梳理了自 2018 年"公园城市"理念提出以来，公园城市示范区建设的工作部署和初步成效，总结了各领域先行探索的经验做法和制度成果，选取分析了成都市开展的 16 项标志性改革举措，也汇集了国内外先发城市探索创新形成的有益经验做法。该论坛还发布了《成都市未来公园社区建设导则》《成都市未来公园社区指标体系》《成都天府绿道白皮书》等。

2023 年 9 月，中国质量（成都）大会分论坛四在成都举行。该论坛以"公园城市标准化建设——中国式现代化城市实践探索"为主题，探讨公园城市标准化建设新思路、新模式、新路径。该论坛上成都历时五年打造的公园城市标准创新成果《公园城市"金角银边"场景营造指南》《公园城市公园场景营造和业态融合指南》《公园城市乡村绿化景观营建指南》《公园城市绿地应急避难功能设计规范》《公园社区人居环境营建指南》《城市公园分类分级管理规范》等集中亮相。《四川天府新区公园城市标准体系（2.0版）》同步发布，覆盖五年来天府新区各部门、各条线公园城市相关创新工作成果 354 项，包含 76 个规章制度、56 个专项规划、35 个理论研究、62 个技术指引、125 个示范场景，涉及城市建设的全领域。

2.1.2.4　相关标准规范及政策文件

1. 从公园城市规划建设导则到条例

2020 年发布的《成都市美丽宜居公园城市规划建设导则（试行）》提出，公园社区是公园城市建设的基本单元，是公园城市生态价值、美学价值、人文价值、经济价值、生活价值、社会价值等最直接的体现。其核心内容是"以人为本"综合服务功能的提升，强调生态环境、公共空间、居民家庭、城市建筑、历史文化、社会服务、经济发展等要素的有机融合，具有社区形态开放宜人、空间环境优美舒适、社区文化特色鲜明、建设方式低碳永续、交通系统绿色人性、功能产业多元混合、公服设施便民共享等特征。根据成都本身特色，公园社区的规划片区由若干公园社区单元构成，每个单元范围与 15min 公共服务圈范围一致，分为绿色社区、美丽社区、共享社区、人文社区、活力社区、生活社区 6 种类型。该导则还提出构建 3 大类、15 小类、50 余种的公园体系，对于山地公园、郊野公园、城市公园分别给出了规划建设指引。该导则结合区位及沿线景观特色，将天府绿道分为生态型绿道、郊野型绿道和都市型绿道，对绿道宽度控制、交通组织及接驳、铺装材质及色彩引导、无障碍设计、安全隔离设施、配套服务设施等分别提出了相关规划建设标准。

2021 年发布的《成都市美丽宜居公园城市建设条例》明确"公园城市是指以人民为中心、以生态文明为引领，将公园形态与城市空间有机融合，生产生活生态空间相宜、自然经济社会人文相融、人城境业高度和谐统一的现代化城市，是开辟未来城市发展新境界、全面体现新发展理念的城市发展高级形态和新时代可持续发展城市建设的新模式"。该条例从生态本底、空间格局、以人为本、绿色发展、低碳生活、价值转化、安全韧性、可持续发展等方面提出了细化规定，其中要求"天府绿道建设应当符合公园城市建设规划，遵循生态优先、注重节约的原则，科学有序推进、逐步建设成网，形成覆盖全域的区域级、城区级、社区级三级绿道系统。各类公园场景接入绿道的连通率应当达到百分之百。天府绿道建设应当有效利用沿途植被，完善公共服务设施，注重自然生态、人文景观、便民利民的有机结合"。"公园城市形态塑造应当坚持景观化、景区化、可进入、可参与的理念，以绿色空间为底色、功能组团为单元、绿道体系为脉络、山水田园为景观、历史人文为特质、公园街区为场景，呈现新型城市空间形态。"该条例还对依托绿道进行全域增绿、建设天府绿道和天府蓝网公园场景、融合林荫路及街道一体化建设、完善全域慢行系统、完善文化景观体系、创新低碳消费模式等做出了规定。

2. 从健康绿道导则到幸福社区绿道指引

2011 年发布的《成都市健康绿道规划建设导则》将绿道定义为"结合成都特色、贯通全域城乡的一种线性绿色开敞空间，是连接水系、山体、田园、林盘、自然保护区、风景名胜区、城市绿地以及城镇乡村、历史文化古迹、现代产业园区等自然和人文资源，集生态保护、体育运动、休闲娱乐、文化体验、科普教育、旅游度假等为一体，供城乡居民、游客步行和骑游的绿色廊道"。该导则提出绿道具有生态保护、健康休闲、资源利用、慢行交通和经济发展功能，绿道建设应遵循综合打造、贯通便捷、使用安全、特色多样、经济合理的原则。该导则是成都绿道建设的首部地方性纲领，强调了绿道的联系性和多功能性，有效指导了成都绿道的建设发展。

2021 年发布的《幸福社区绿道建设工作指引》，以"回家的路"为核心，围绕市民多元生活活动的最后一公里，构建慢行优先、绿色低碳、活力向上、智慧集约、界面优美的社区绿道网络体系，营造具有美誉度、舒适度、安全度的人性化街道空间。通过车退人进、慢行优先等街道提升原则，引导人们将出行方式由驾车出行逐步过渡为绿色出行，使街道空间成为未来城市美好生活的体验空间。该指引提出幸福社区绿道建设应坚持以人民需求为中心、以经济适用为原则、以生态文明为引领的规划建设理念，为市民营造更友好的慢行空间、更便捷的通勤体验、更生态的街道环境、更智慧的生活场景。该指引提出新建街道应以目标为导向，以明确的风格愿景和建设目标来引导建设方向；而改造街道则应以问题为导向，梳理分析现存问题，通过景观的手法来解决市民实际使用的需求。协调生活空间、通勤空间、休闲空间，实现多元复合的空间布局、清新宜人的绿化环境、完善便捷的设施布置、集约高效的智慧功能，落实绿色健康的可持续发展理念。

3. 其他相关规划建设导则

（1）公园城市社区导则

2020 年发布的《成都市公园社区人居环境营建导则》在成都建设美丽宜居公园城市背景下，以建成环境优美的绿色社区、舒朗宜人的美丽社区、开敞通达的共享社区、特色鲜明的人文社区、创新多元的活力社区、智能高效的智慧社区为目标，全面提升城市宜业宜居宜学品质，营建尺度宜人、亲切自然、全龄友好、特色鲜明的社区环境，打造绿色、美丽、共享、人文、活力、品质公园社区。该导则提出因地制宜、传承创新、彰显特色、注重实效、经济节约的总体原则，对城镇、乡村和产业社区做出了分类指引。

2022 年发布的《成都市未来公园社区规划导则》以"一个中心、三大愿景、四项原则、七大特征、九大场景"为核心内容，通过全要素、场景化、集成式营建和多元主体共建、共治、共享，实现"人、城、境、业"融合共生。未来公园社区注重未来性与前瞻性，顺应全球趋势，彰显本土特色，体现人文化、智慧化、开放式、复合型、空间美、包容性、有韧性七大特征。该导则按照城乡形态与主导功能将社区分为城镇生活、产业和乡村社区三大类，按照营建方式将社区分为规划新建与更新改造社区两大类，以此形成"3+2"的社区分类，并提出前瞻性的指标体系。该导则提出未来公园社区重点打造未来生态融合、健康医养、人文教育、建筑空间、绿色出行、休闲消费、创新创业、智慧应用和共建共治共享九大场景，并围绕"3+2"社区分类形成差异化的场景营造路径，在打造至少 1 个主题场景、8 个应用场景的基础上，可叠加若干其他特色场景，形成"1+8+X"的未来公园社区场景的无限畅想。

2022 年发布的《成都市未来公园社区建设导则》立足"建筑环境、绿色交通、市政设施、公共服务、智慧韧性"5 个建设维度，聚焦"绿色建筑、生态融合、低碳生活、海绵城市"等 20 项核心建设内容，构建"绿色建筑、光伏建筑、立体绿化、公交站点、慢行空间"等 44 个建设指标，最终形成"5+20+44"的指标体系。该导则将绿色建筑、建筑工业化、新能源停车位、多级社区海绵设施 4 项建设指标纳入未来公园社区范围内新出让地块建设条件，将约束性建设指标纳入建设项目施工图审查范围，将有效指导公园社区建设。

（2）公园城市一体化设计导则

2019 年发布的《成都市公园城市街道一体化设计导则》提出建设以人为本、安全、美丽、活力、绿色、共享的公园城市街道场景，实现"五个改革、两个创新"。一是空间管理边界的改革，从道路红线向 U 形空间转变；二是资源分配方式"慢行优先"的改革，从"以车为本"向"以人为本"转变；三是设计对象精度"由乱到靓"的改革，从市政工程向整体空间品质转变；四是设计对象范畴"街区化"的改革，从街道设计向街区场景营造转变；五是设计内容广度"上下整合"的改革，从重视地上空间设计向地上地下并重转变。实施机制"精细管控"的创新，以"1+N"的技术管理体系实现全过程、全要素传导；治理机制"问需于民"的创新，建立智慧化、常态化多元共治机制。该导则提出慢行优先的安全街道、界面优美的美丽街道、特色鲜明的人文街道、多元复合的活力街道、低碳健康的绿色街道、集约高效的智慧街道六大目标引导，按照交通属性和功能属性，把街道分成生活型、商业型、景观型、交通型、产业型五大类以及商业中心步行街、滨水步行街、街巷三种特定类型。该导则还提出了不同类型街道与天府绿道的衔接融合要求。

2023 年发布的《成都市公园城市河道一体化规划设计导则》形成了"一个核心愿景 + 五个理念转变 + 六个共生目标 + 六类资源要素"的技术框架，统筹协调河道及沿河陆域 6 大类、23 中类，共 67 个河道设计要素，分段明确具体要素的管控、设计指引。该导则凝聚河道一体化理念共识，从"沿河一体化"与"垂河一体化"两个维度统筹导控河道空间。"沿河一体化"强调覆盖全域、贯穿城乡的资源统筹，依据两岸的资源条件，分区、分段引导城乡水岸资源联动发展，实现生态、安全、功能、交通、风貌、形态六大系统各要素的一体化协调;"垂河一体化"聚焦中微观层面的"一河两岸"空间要素,通过精细化引导公园堤岸、涉水设施、滨水街区、慢行优先、人文特色、临界界面六类要素,指导滨水空间的高品质建设,实现河道陆域垂向空间的要素一体化设计,从而实现从宏观层面到中微观层面的要素统筹与精细化设计。该导则还提出了依托绿道提升滨水空间可达性、滨水街区活力场景营造等要求。

（3）公园场景营造导则

2021 年发布的《成都市公园城市消费场景建设导则（试行）》是全国城市中首份针对消费场景营建的导则,也是以政策形式率先在消费领域探索场景营城理念落地方案的"施工图"和"路线图"。基于各类消费场景的共性特征,该导则提出了 3 个场景建设总体指引,包括消费空间指引、消费实现指引和消费文化指引。结合各类消费场景的个性特点,该导则又从基本指引、场景特征、舒适物指引、业态指引四个维度,提出了场景建设分类指引。随导则一同发布了八大示范性消费场景与十大特色消费新场景。绿道是串联并营造绿色消费场景的重要途径。

2023 年发布的《公园城市公园场景营造和业态融合指南》明确公园场景是"满足不同人群在城市公园、自然公园和郊野公园的需求,代表特定的生活方式和文化符号,并由反映一定生活品质的实践活动共同构成的物理环境";公园业态是"以城市公园、自然公园和郊野公园的服务对象需求为导向,提供配套商业或服务的具体形式和状态"。其要求成都市城市公园、自然公园、郊野公园围绕生态价值转化开展场景营造和业态融合工作,成都天府绿道体系中重要节点公园可参照使用,遵循底线约束、公益优先、文化彰显、多元融合、因地制宜的总体原则。

2.1.3 优秀案例

成都市绿道建设与公园城市场景营造紧密结合,依托环城生态带建设的锦城绿道已经实现环通,成为"可进入、可参与、景区化、景观化"场景营造的典范,带来了巨大的综合效益。锦江绿道穿城而过,衔接沿线不同环境,与城市更新及环境综合整治紧密结合,并由岸线空间逐渐向腹地延伸,展开锦江故事卷轴。龙泉山森林绿道串联登山瞰城系列景点,建设"城市森林会客厅"。成都温江区依托滨水绿道,搭建城乡融合发展的"绿色经济带"。成都社区绿道紧密联系市民生活，并积极推进街道空间一体化设计。

2.1.3.1　锦城绿道与环城生态区

2003 年成都城市总体规划修编在中心城区外围划定了 198km² "限建区"，防止城市无序蔓延，强调生态隔离功能。2012 年发布实施《成都市环城生态区保护条例》，通过立法约束和规划引领，进一步强化生态保护，严格开发建设行为监管。《成都市环城生态区总体规划（2012—2020）》将沿绕城高速路两侧各 500m 范围及周边 7 大楔形地块纳入控制区，改善中心城区生态环境，防止城市连片发展。2017 年成都市部署天府绿道建设工作，明确依托环城生态区建设锦城绿道，引入休闲游憩功能。2020 年发布《成都市环城生态区总体规划优化提升（公示版）》，在成都"建设践行新发展理念的公园城市示范区"的总体战略背景下，以"城园相融共生，推动生态价值创造性转化"为目标导向，将环城生态区定位为"可进入、可参与、可感知、可阅读、可欣赏、可消费"的高品质城市中心公园，彰显成都公园城市魅力的世界名片。在不改变环城生态区范围边界、不减少生态用地规模的基本前提下，深入践行公园城市营城理念，以环城生态公园为纽带，构筑"拥园发展"格局，实施五大策略（图 2-7）。厚植生态本底，构筑

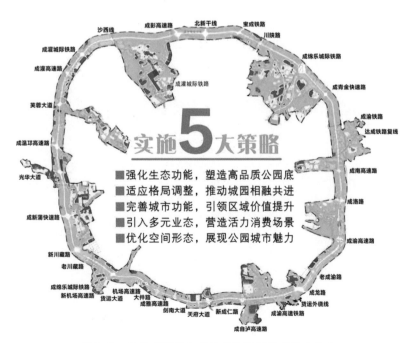

图 2-7　成都市环城生态区总体规划优化提升策略

"湖泊—湿地—沟渠"相通的水网格局;严守耕地红线,筑牢良田基础;基于现状山林进行生态修复,提升都市森林公园品质,以环城生态区为骨架组织区域蓝绿空间网络,强化生态效益辐射(图 2-8)。在此基础上,规划三区九段的标准农业区,通过农田规模化种植,构建新型农田形态,并将轮作生产、农业景观与特色农庄建设相结合,经济性、观赏性与科普性并重;按照一园一特色打造多样化特色体验园(图 2-9)。

锦城绿道与环城生态区的规划建设紧密结合,是天府绿道体系"三环"中的重要一环,涉及生态用地 133.11km²,包括耕地 67.33km²,生态修复区 65.7km²。规划建设"5421"体系,即打造 500km 绿道、4 级配套服务体系、20km² 水体及 100km² 生态景观农业区(图 2-10)。锦城绿道主线全长 500km,包括 200km 一级绿道、300km 二级绿道。一级绿道宽 6m,形成"一环九射"布局,全程无障碍贯通,全分离独立路权,串联主要景观区与

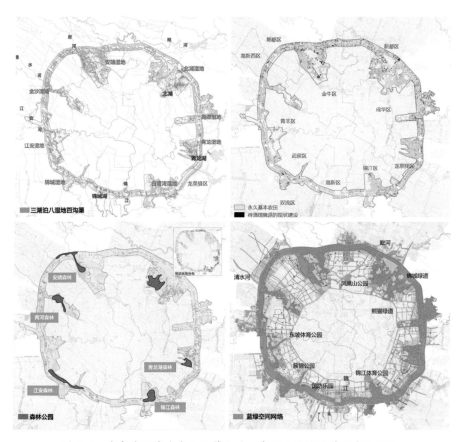

图 2-8 成都市环城生态区统筹水系、农田、林地的蓝绿空间网络

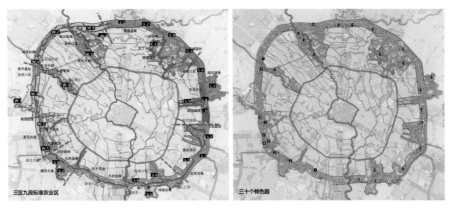

图 2-9　成都市环城生态区标准农业区与特色园

图 2-10　成都环城生态区平面图
资料来源：成都天府绿道建设投资集团
　　　　　有限公司

图 2-11　锦城绿道衔接周边城区绿道体系

重要设施，与城市慢行系统互连互通，可举办自行车、马拉松等赛事。二级绿道人非分离，自行车道宽 3.5m、人行步道宽 2.5m，对主干绿道进行补充，丰富微循环。构建以锦城绿道为核心的高品质慢行网络，与周边区域互连互通（图 2-11）。锦城绿道 4 级配套服务体系形成 500m 半径的驿站服务圈，包含 16 个特色小镇形态的一级驿站、30 个特色园形态的二级驿站、170 个林盘院落形态的三级驿站、若干亭楼小品形态的四级驿站。锦城绿道以北宋画家李公麟的名作《蜀川胜概图》为蓝本，重现天府胜景。

　　成都市以锦城绿道和环城生态公园为纽带，构筑"拥园发展"格局，结合周边城市功能，建设两类城园融合单元。包括 10 个亲近自然、绿色宜居的"生态 + 生活"单元——依托环城生态区优质生态资源，通过绿廊渗透到周边公园社区，围绕绿地布局社区服务中心，打造宜居生活街道，布局社区活动场地，并以绿道串联，形成开放社区，提升片区生活品质。形成9个开放共享、充满活力的"生态+产业"单元——在环城生态区两侧产业较为集中的区域，以产业社区为主体，承接9大产业功能区所需的科创研发、商务金融、产业孵化、休闲配套等功能（图2-12、图2-13）。

锦城绿道一期工程于2019年完工，以绿色生态空间为载体，文体旅商多元业态复合，绿色景观营造与产业链条培育相结合，以旗舰项目带动绿道IP自主孵化、文创艺术品牌打造、共享经济融合，实现高品位商业消费场景与公园共生融合。立足现状条件落实海绵城市建设，结合历史文

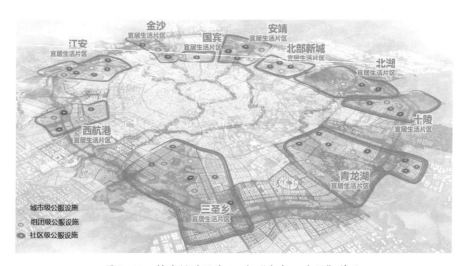

图2-12　锦城绿道沿线10个"生态+生活"单元

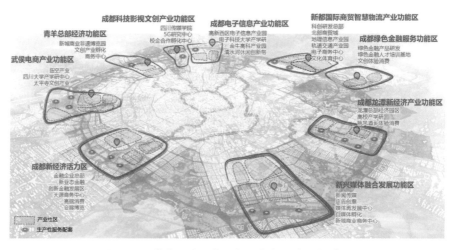

图2-13　锦城绿道沿线9个"生态+产业"单元

化与现代艺术打造多样化的湿地景观，建成锦城湖公园、桂溪生态公园、中和湿地公园、江家艺苑、白鹭湾湿地、玉石湿地、青龙湖公园等节点（图 2-14~ 图 2-16）。锦城绿道二期、三期延续一期"尊重自然本底，完善配套设施，打造多样绿道"的建设原则，凸显"农为底、道串联、景融合、功能足，东塘星罗百水润城、西渠阡陌六河灌都"的设计目标，探索标准农业、旅游农业、景观农业的"绿道模式"，打造"现代农业引领区、农耕文明展示区、精品旅游聚集区、乡村振兴示范区"。环城生态区 2020 年开始高标准农田建设，截至 2022 年底已完成 5.83 万亩，在龙泉驿区、新都区、成华区等东部浅丘区，修缮堰塘水渠集蓄雨水，种植玉米等耐旱作物、果树、蔬菜，整体营造梯田景观；在金牛区、温江区、青羊区、双流区等西部平原，疏浚恢复淤塞荒废的灌渠设施、梳理田埂肌理、保护林盘，四季

图 2-14　锦城绿道：锦城湖

图 2-15　锦城绿道：桂溪生态公园

图 2-16　锦城绿道：江家艺苑
资料来源：四川省建筑设计研究院有限公司

图 2-17　锦城绿道：高标准农田
资料来源：成都天府绿道建设投资集团有限公司

作物轮种兼顾经济与景观性，成片打造农田大地景观（图 2-17）。由成都天府绿道建设投资集团有限公司统筹管理，与科研院所、高校合作，并规划建设智慧农业市级一体化平台，与智慧城市互融互通，提高农业生产与城市治理效能。此外，还建成婚庆主题的凤求凰园、中医运动特色的蜀道通衢园、宠物主题的萌宠乐园、儿童运动主题的悦动彩林等特色园，并完成大熊猫繁育研究基地的扩建改造。

　　锦城绿道与环城生态区有机融合，打造城市超级"绿环"，目前已累计建成特色园 18 个、林盘 54 个，贯通各级绿道总长超 600km（其中包含 100km 一级绿道及沿线 78 座景观桥）。环城生态区承载了丰富的市民活动，2023 年中秋、国庆期间，举办丰收节、收稻农事体验、露营 + 啤酒音乐节、骑行健身、少儿户外三项、熊猫主题游园会、潮玩集市、画展等百余场活动。2023 年贯通全环 14 个志愿者服务驿站，构建环城生态区 15min 绿道文明实践圈，将依托"文明兴蓉""天府绿道"小程序搭建绿道志愿服务地图，常态开展岗位招募、应急救护、文明劝导、便民助民、积分兑换等活动，打造绿道文明风景线。

锦城绿道与环城生态区有机融合，打造城市超级"绿环"，保护并合理种植各类乔木 24 万株，累计生态修复面积 5.8 万亩，植被碳储备量均值达到每公顷 117.25t。已逐步形成了一些积极的生态环境效益，比如"冷岛"效应，夏季高温天气该区域能够降温 1.0~2.5℃。环城生态区承载生态保障、慢行交通、休闲游览、城乡统筹、文化创意、体育运动、农业景观、应急避难等复合功能，促进生态、生活、生产场景的和谐交织，实现生态、宜居、宜业环境的全面提升，助力成都"拥园发展"，已成为亮丽的城市名片。

2.1.3.2　锦江绿道与锦江公园

锦江自古就有"成都母亲河"的美誉，是成都平原的生命水脉，流域辐射全域 70% 的人口。上游府河、南河在成都市区合二为一，20 世纪 90 年代开始府南河综合整治，完成了从"护城河"向"景观河"的转型。2017 年成都启动锦江规划绿道建设，涉及河道全长 150km，按照"统一规划、流域治理、集中收储、分项建设、公司运营"的原则，遵循"治水、筑景、添绿、畅行、成势"的路径，实现"一年治污、两年筑景、三年成势"。2018 年成都启动公园城市建设以来，锦江承担起全新的历史使命，从"景观河"迈向"宜居滨水廊道""活力性、绿色性、持续性生态经济产业轴"。

锦江绿道是天府绿道体系中的核心"一轴"，根据《天府绿道锦江绿轴规划》，按照"郊野单侧为主，城区双侧为主""郊野骑步分离，城区因地制宜"的原则，规划全长 220km 的主干绿道，途经 10 个区（市、县）、9 个镇。全线配置三级驿站，实现 1km 驿站全覆盖，构建高速 + 轨道 + 公交 + 慢行无缝接驳体系。结合锦江沿线自然、文化、历史资源，构建展现天府文化的"锦江故事卷轴"，划分五大文化主题段（图 2-18 左）。全线重点打造 9 镇 24 林盘，城区和城镇段重点打造节点和公园，郊野段建设大地景观和林盘，实现四季有景、全时可游。以绿道建设为"引爆点"，串联特色产业集群，强化产城融合，促进全流域旅游，形成"一心两翼五段"的产业布局，打造绕城区域内文化旅游圈、上游旅游及生态农业圈、下游体

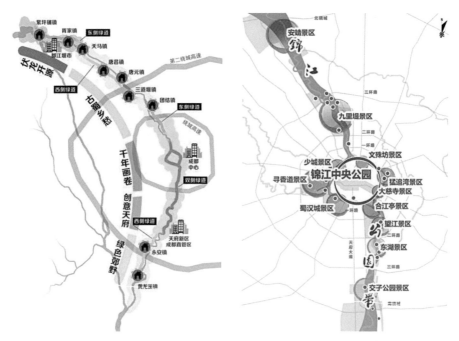

图 2-18　锦江绿道主题段落（左）与锦江公园总体规划结构（右）

育健康及生态农业圈。

　　在锦江绿道的基础上，成都市编制了《锦江公园总体规划》，推动总长48km、面积 33.8km^2 的老城沿江区域更新升级，构建"一带、一核、十二景区、二十三园"的文商旅体融合发展走廊（图 2-18 右）。其中"一带"指锦江公园带，以锦江为核心构建历史景观带、文旅休闲带、都市生活带；"一核"指锦江中央公园，主要为两江环抱区域，以微更新、微改造、生态修复为原则，打造核心展示窗口；"十二景区"指由沿线资源集中的景点串联成网的核心景区；"二十三园"指锦江串联的重要城市公园。

　　锦江公园总体规划提出六条发展策略。第一是提水质，持续强化水生态治理。以问题为导向，实现河道的控源、截污、清淤、补水和管护全面到位，同时结合现状岸线特征，按河道防洪标准完成锦江生态堤岸的新建和改造。第二是增空间，打造无界滨水大公园，通过两种方式增加近 20% 的滨水公共空间。一方面结合老城更新挖掘潜在空间资源；另一方面全域慢行化改造滨水车行道，释放滨水慢行空间，并打破滨水空间和街区之间的分隔。第三是强慢行，实现人本理念的车退人进。打造绿色慢行网络，增加滨水开敞空间，形成"一带一环两岛"的"慢行天堂"。一带指锦江慢行带，一环指锦江中央公园慢行环，两岛指九里堤慢行岛和交子公园慢行岛。第四是优业态，提升老城活力。以沿江各类文化资源为主线，形成 7 大主题特色段、21 个功能分区和 17 个特色文商街区，串联 4 片历史文化街区、9 片历史文化风貌片区以及 34 条特色街道，策划 9 大文旅主题游线。第五是塑形态，突显景观特征。结合业态升级、院落治理，分段分级整治滨水风貌，沿江打造一批标志性节点。第六是治社区，激发城市更新内生动力。以滨水空间带动两侧社区的微更新微治理，以公共空间作为社区治理的载体，形成社区服务和产业发展的生态场景（图 2-19）。

　　锦江公园作为城市精品"绿轴"，目前已基本实现绿道全线贯通，打造滨水慢行街 11 条、特色街区 25 条，串联沿线 23 个公园、170 个林盘景区。"一江锦水、两岸融城"的大美形态基本呈现，将滨水环境整治与宜居公共空间完善、产业转型升级、消费业态创新、特色文旅开发等交互融合，实现多元综合价值。位于两江抱城区域的示范段，在尽可能保留现状优质景观资源的前提下重塑滨水空间，植入小型游园和活动场地，引入多元的服

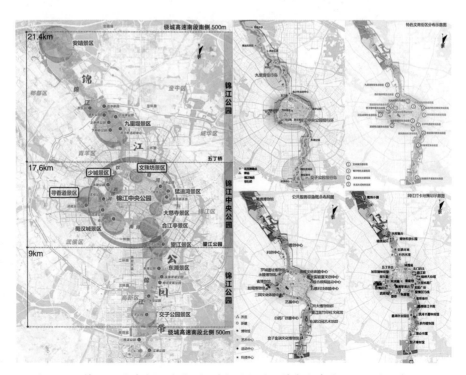

图 2-19　锦江公园总体规划图、绿道与慢行道、特色文商街区、公共服务设施、
网红打卡地布局图

务业态（图2-20）。宜居水岸项目包含西郊河、南河、干河、浣花溪及沧浪湖沿线的城市公共绿地，从历史文化资源中充分汲取养分，深度挖掘场所精神，营造饱含成都生活韵味和传统记忆的滨水文化绿廊（图2-21）。"夜游锦江"项目以河堤为"画布"展现锦江千年历史画卷，配合跌宕起伏的音乐，给游客带来身临其境的感受。绿道串联多个城市地标，构建"夜市、夜食、夜展、夜秀、夜节、夜宿"六大夜消费主题场景，成为城市旅游新名片（图2-22）。

成华区望平滨河路位于锦江畔的猛追湾，将2.5km滨河路车行道优化为"步行＋自行车"慢行道，并结合城市更新打造特色滨水慢行区——望平坊。望平滨河路将原本7m宽的车行道改为4m宽的自行车道，拓宽步行空间，使其与临街商业有更好的互动（图2-23），增设滨水休闲平台，将封闭的绿化带改为开放的林荫休闲带，并以光影装置、互动装置等手法展现

图2-20　锦江绿道示范段

图2-21　锦江绿道宜居水岸

图2-22　夜游锦江

图2-23　成华区望平滨河路

资料来源：四川省建筑设计研究院有限公司

1953~1998 年成华区工业发展史 10 个 "第一"，传承工业记忆。望平坊创新性引入设计、施工、运营三位一体的 "EPC+O" 模式，由政府收储、租赁，引入万科团队进行运营管理、项目招引、业态管控，打造 "最成都·文创美食合集"，培育多家品牌首店并孵化特色网红店，带动项目周边 30 余存量商家主动转型业态提升品质，有效激活城市片区。2022 年住房和城乡建设部将猛追湾片区城市更新作为 "成都市探索全过程一体化推进模式" 典型经验做法在全国范围内推广。

锦江区大川巷是锦江绿道沿线的特色街区，构建由社区党委领导、街区规划师、商户代表、居民代表、辖区民警等组成的街区治理商协会，将街区的业态准入、风貌品质、经营秩序、商居关系等纳入协商共治，打造开敞式公共街区，推进社区公共环境提升及建筑底层商业

图 2-24　锦江区大川巷

转型，由曾经的快递一条街彻底改头换面，变为集创作、展览、教育、交易及衍生品开发于一体的艺术街巷（图 2-24）。

锦江绿道建设除了推动沿线区域城市更新之外，也带动了公园节点升级改造。例如成都最大的滨水活动场所江滩公园，采用 "公园 +" 模式，促进功能复合与产业融合，设置全川最大的沙滩 + 星空无边界泳池、电竞主题跑道、西部最大碗池滑板鞋运动场等新潮业态，成为锦江边的网红打卡地（图 2-25）。五岔子大桥联系江滩公园与中和老城区，是衔接锦江两岸绿道的关键节点，基于原址重建兼具步行与自行车骑行的景观桥，成为锦江上的 "新概念地标" 和备受关注的网红打卡地（图 2-26）。锦江绿道与沿线新建公园节点也实现了完美融合，例如交子公园中就设置了绿道环线，采用覆土 "桥梁" 的形式避免市政道路的分隔，贯穿成都金融城商务区，把锦江与天府国际金融中心、交子金融文化博物馆等连通起来。交子公园定位为城市 CBD 区域的生态艺术公园，绿道与公园中的各种观景平台、文化广场和活动场地有机衔接，和谐融为一体。

图 2-25　锦江绿道江滩公园　　　　　图 2-26　锦江绿道五岔子大桥

资料来源：四川省建筑设计研究院有限公司

2.1.3.3　龙泉山森林绿道与龙泉山城市森林公园

龙泉山脉位于成都平原东缘，是成都平原与川中丘陵的自然分界线，也是岷江与沱江两大水系的分水岭。龙泉山脉呈南北走向，长 200km，宽 10km。龙泉山脉在成都境内称龙泉山，是著名的踏春胜地和林木瓜果产地。由于成都城市布局从原来的"两山夹一城"转变为"一山连两翼"，龙泉山的总体定位也由原来的生态屏障升级为"世界级品质的城市绿心，国际化的城市会客厅"。

龙泉山城市森林公园规划总面积约 1275km²，2017 年启动建设，是目前全球最大的城市森林公园。划分山地森林景观区（包含生态核心保护区和生态缓冲区）和山前郊野游憩区（生态游憩区）两大功能分区，规划"一轴两环、三廊七径、百驿多点"，总长约 800km 的三级森林绿道体系，串联 10 个游憩单元及 3 段特色景观（图 2-27）。

龙泉山森林绿道建设依山就势，充分改造利用

图 2-27　龙泉山森林绿道总体布局图

乡道、村道、机耕道等，实施路面整治、植被梳理等小成本微改造，保证互连互通，保留原有山地风貌，彰显生态游憩价值。在对道路沿线村居民宅、景园景点等加以提升改造的基础上，结合现状条件适当增设标志性景观节点。例如核心景区内的丹景台，丹景阁、丹景里和丹景亭就成为新兴景

图 2-28　龙泉山丹景台

观地标，也是俯瞰周边的绝佳观景点（图 2-28）。龙泉山森林绿道按照文体旅商农林融合发展思路，还嵌入鲜果采摘、半程马拉松、铁人三项赛等生态旅游、文化创意、体育赛事等特色产业和活动，促进森林绿道投、建、管、运的良性发展。

2.1.3.4　温江绿道与绿道型公园城市示范片区

温江区地处成都平原腹心，是全国四大花木产业基地之一，也是古蜀文明发源地之一，田园风光优美，生态环境优良。温江区 2010 年启动绿道建设，2012 年底基本建成串联下辖五镇，穿行郊野林盘的"一主线五组团"绿道网络。2017 年温江区被纳入成都中心城区，在天府绿道系统"七道"中的两道（江安河、金马河滨水绿道）的基础上，规划建设北林与南城绿道，构建"北林成景，南城融林，城林合一"的公园城市空间格局。北林郊野型绿道穿行 167km² 的生态涵养区，串联特色小镇、特色林盘、新型社区、农业园等资源，形成文化旅游、农旅艺术、康养运动三条特色脉络。南城都市型绿道覆盖 110km² 的生态宜居区，以水岸同治、水城共融为导向，串联公园、商圈、医院、学校、产业园区等资源，形成时尚游乐、滨水活力、产业文化三条特色脉络。

2018 年建成北林绿道主线（温江乡村旅游环线），串联幸福田园、国色天香、鲁家滩湿地公园等节点，全长 65.12km，含新建 54.53km，借道 10.59km（图 2-29）。道路设计标准为公路四级，路基宽 6.5m，路面宽度 6m，路面结构为沥青混凝土路面，符合国际马拉松赛道和自行车赛道标准，可供举办丰富的文体赛事活动（图 2-30）。北林绿道在主线贯通的基础上完

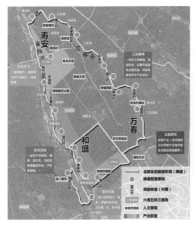
图 2-29　北林绿道环线

图 2-30　北林绿道

善支线，促进文体农旅康养融合发展，助力乡村振兴。南城绿道建设衔接 2019 年启动的江安河光华段水生态环境综合整治工程，实现绿道蓝网的有机融合，打造温江城区活力水岸，并不断向南延伸。

2021 年温江区提出建设"两河一心"示范性消费场景，打造江安河活力新潮消费带、金马河运动休闲消费带和文庙国潮文化街区，持续丰富完善两河沿岸的商业、文化、体育等服务项目，并对城区滨河绿道核心段落进行了改造提升（图 2-31、图 2-32）。建成"江安拾光"带状公园，承载邻里交流、休闲运动等功能，以绿道和慢行系统串联绿地、公服设施、生活商圈和居住社区，塑造开门见景、滨水亲绿的宜居公园形态。目前，温江已全面建成江安河绿道型公园城市示范片区，累计建成绿道及慢行系统

图 2-31　金马河运动休闲消费带

图 2-32　江安河活力新潮消费带

362km，建成区绿化覆盖率达到 45.8%，连续四年入选"中国最具幸福感城市"榜单。温江绿道将河流湿地、川西林盘、农业园区、民宿聚落、人文景区、宜居城区等串联起来，以"生态道、健康道、经济道"为目标，持续提升绿道的综合价值。

2.1.3.5 社区绿道与"回家的路"

在结合城市山水资源、生态环廊等建设高等级绿道，促进城乡融合发展的基础上，2020 年成都市提出完善社区绿道系统，计划建设 1000 条"上班的路"与"回家的路"，从细节入手改善交通微循环，并营造休闲生活场景和消费场景，让"最后一公里"成为"幸福一公里"。"上班的路"连接公共交通枢纽（轨道、BRT、公交）站点与产业园区（商圈楼宇、厂区），强调服务性与便捷性。"回家的路"联系公共交通枢纽（轨道、BRT、公交）站点、生态绿地、公园与居住社区，体现温馨、安全、舒适。

目前成都累计新建改建"回家的路"社区绿道 3000 余条，已经连续开展两届评选活动，共计评选出 20 条成都最美"回家的路"，切实提升群众获得感、幸福感和安全感，为营造"巴适安逸和美"的公园城市社区场景发挥了重要作用。首先，社区绿道与城市慢行系统融合发展，在《幸福社区绿道建设工作指引》《成都市公园城市街道一体化设计导则》《成都市公园城市街道建设技术规定》等技术标准的指引下，打破道路红线的分割，对以街道为中心的 U 形空间进行一体化打造。其次，社区绿道结合街头小微绿地、口袋公园等改造提升，增设多功能活动场地，同时融入社区文化，有效改善社区环境并增强社区归属感。此外，社区绿道还促进 15min 社区生活服务圈建设，串联交通出行点位，在《成都市公园城市社区生活圈公服设施规划导则》的指引下，植入书店、花店、商店及咖啡馆（茶馆）"三店一馆"便民设施，参与培育新经济新业态场景，为市民提供更多的休闲、消费、娱乐新选择。

金牛区群星路被评选为首届成都 10 条最美"回家的路"之一，全长约 1km，南侧为西南交通大学，北侧为居民小区，改造项目以"百年交大·群星扬华"为主题，按照"文化特色街区 + 公园城市街道"理念，对道路两侧人行道、绿化带及临街建筑外立面进行综合整治。改造后的道路实现了机非分离，以地面铺装标识出了骑行道，人行道穿行于绿地之间，沿线还设置了小型休闲场地及设施。改造工程惠及沿线居民 3

图 2-33 成都群星路

万余人，既保证了出行安全，又能享受回家的悠然体验，还能就近放松游憩（图 2-33）。

2.2　深圳市：搭建公园城市山海连廊

2.2.1　发展概况

深圳是粤港澳大湾区四大中心城市之一，南隔深圳河与香港相望，北接东莞、惠州市。深圳地处南海之滨，海域东起大亚湾，西至伶仃洋。市域呈东西向狭长形，西北部地势相对较为平缓，东南部多山脉，山区市域陆地面积的比例达 62.8%。作为我国首个经济特区，改革开放 40 年来，深圳成为我国城镇化水平最高、开发建设强度最大的城市，社会经济发展与生态环境保护矛盾较为突出。深圳在生态保护、公园体系建设、绿道建设等方面均走在全国前列，为新时期推进"公园城市"建设奠定了良好的基础。

首先，深圳在全国率先划定"基本生态控制线"，2005 年发布《深圳市基本生态控制线管理规定》，在国土开发空间极度紧张的情况下，将市域面积近 50% 纳入控制保护范围，布设起有法律效力的生态资源保护安全网，对引导城市发展、防止建设无序蔓延发挥了重要作用。自 2010 年起，深圳连续十余年的生态环境状况级别为优或良，全市生态环境质量维持在健康水平。

其次，深圳是全国最先编制公园建设专项规划的城市。《深圳市公园建设发展专项规划（2012—2020）》构建了"自然公园—城市公园—社区公园"三级体系，随后深圳连年将公园建设列入政府民生实事，持续推进公园建设。到 2019 年完成"千园之城"创建目标，建成各类公园 1090 个，公园绿地 500m 服务半径覆盖率达到 90.87%，成为名副其实的"公园里的城市"。2022 年底深圳公园总数达 1260 个，全市蓝绿空间超过陆域面积的 50%。

最后，深圳也是全国第一批启动大规模绿道建设的城市，《深圳市绿道网专项规划（2010—2020 年）》以"基本生态控制线"为基础进行规划布局，顺应城市空间形态，引导构建融合生态保护与市民休闲、慢行通勤等功能的绿道网络。伴随环境整治、城市更新等的不断推进，深圳绿道内涵不断拓展，绿道形式也不断丰富。2019 年深圳启动碧道建设，在原有滨水绿道的基础上进行全面提升，对全市的河流湖库滨海岸线进行综合整治及优化利用，截至 2022 年底已累计建成碧道 605km。2019 年深圳还启动了郊野径及远足径建设，依托自然山体资源，推广对环境冲击小、引入公众参与的"手作步道"模式，既增加了亲近自然的优良途径，又开辟了自然教育活动的优良场所。

《深圳市国土空间总体规划（2020—2035 年）》（草案）构建陆海一体、蓝绿交融、安全高效的国土空间开发保护新格局，明确了建设国际一流"公园城市"的目标，提出完善公园体系，促进蓝绿空间融合，并提升各类开敞空间的网络连通度，计划将公园数量提升至 1500 个以上，建设绿道不少于 3000km，碧道不少于 1000km，实现居民 5min 可达开敞空间。构建"连山、通海、贯城、串趣"的全域漫游公共空间网络。2020 年深圳还启动了"山海连城"计划，将深圳最具代表性的海湾、山体、河流、大型绿地、生态绿廊等进行系统连接和生态保育，构建"一条山脊、一条海岸、八条山廊、十条水廊、百条城径、千个公园"全域无边界连接的公共空间网络。

2.2.2 相关规划及政策规范解读

2.2.2.1 从公园建设规划到公园城市建设规划

1.《深圳市公园建设发展专项规划（2021—2035）》（草案）

2012 年，深圳市城市管理局牵头编制了《深圳市公园建设发展规划（2012—2020）》，该规划为全国首个公园建设专项规划，创新构建了"自然公园—城市公园—社区公园"三级分类体系，并提出各类公园的规划建设与管控要求，推动和有效指导了深圳"千园之城"的建成。

在新的发展时期，深圳建设粤港澳大湾区核心引擎城市、建设中国特色社会主义先行示范区，进入了以质量和效益为核心的稳定增长阶段。在这种背景下，深圳公园建设要坚持示范引领，必须转变"以数量增长论成果"的观念，抓住高质量发展主线，促进"城市公园"向"公园城市"迈进。《深圳市公园建设发展专项规划（2021—2035）》（草案）提出打造公园里的深圳，建设"山、海、园、城、人"互动融合的和美宜居幸福家园。规划总体结构为"山海绿园"，衔接落实深圳市国土空间总体规划确定的生态空间格局和"山海连城"计划，形成"四带多廊"（东部海岸公园带、西部海岸公园带、中央山脊公园带、南北生态公园带、多条蓝绿山水公园廊）的网络结构，将骨干绿道作为重要的公园连接体。规划空间布局为"全域公园"，进一步完善自然郊野公园—城市公园—社区公园体系，增补 5min社区公园与街角游园，实现出门见园。同时促进公园与城市多层次、多维度融合发展，提出公园群、公园社区、无边界公园、"类公园体"等发展策略，绿道作为多功能网络可与城市慢行系统、郊野游径、水系等相互融合，增强公园可达性与连通性，构建完整的公园城市连接道（图 2-34）。

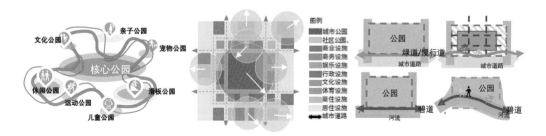

图 2-34 公园群、公园社区、无边界公园模式图

2.《深圳市公园城市建设总体规划暨三年行动计划（2022—2024年）》（草案）

该规划结合深圳城市特色和自然资源禀赋，提出建设山海连城的公园深圳：营造更安全韧性、自然野趣的山海生境，建设更公平共享、便捷可达的全域公园，打造更丰富多彩、多维立体的全景城区，趣享更健康友好、充满活力的绿色生活。该规划充分衔接国土空间总体规划确定的"四带八片多廊"生态空间格局、"三区三线"和"一核多心网络化"城市开发格局，制定营造山海生境、建设全域公园、打造全景城区、丰盈绿色生活四个方面的空间建设策略，统领深圳公园城市建设。打造"一脊一带二十廊"的全市魅力生态骨架，形成蓝绿廊道织网的公园城市总体布局结构（图 2-35）。

该规划提出实施四大行动计划，全面有序推进公园城市建设。第一，生态筑城。保护优化自然生境，治理修复生态环境，科学开展国土绿化，提升安全韧性水平。绿道建设可与山体生态修复、河道整治、海绵绿地、立体绿化、城市更新改造等相关工程有机结合，有效保护并提升沿线环境。第二，山海连城。营造"山、海、城"交织共融的公园城市格局，将深圳最具代表性的海湾、山体、河流、大型绿地等进行系统连接和生态保育，使城市空间与自然野趣亲密相伴，让市民走得进山、亲得近水、赏得了城。绿道作为塑造生态游憩绿脊、建设滨水活力岸带、连通山水生态廊道的重要元素，将持续发挥重要作用。第三，公园融城。构建全域公园体

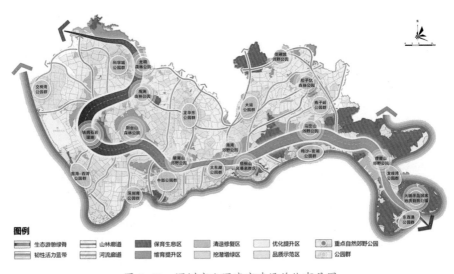

图 2-35　深圳市公园城市建设总体布局图

系，全面优化公园布局，打造有机融合的公园群，并探索"类公园"建设，完善游憩服务设施，营造多彩城市美景。该规划明确提出编制全市绿道网专项规划，实现全市绿道、碧道、古驿道、海滨栈道、森林防火道、郊野径、城市慢行道等"多道融合"，形成串联山海资源、生活家园的全境步道网络，将成为实现公园融城的有力支撑。第四，人文趣城。打造城市友好空间，增强人文科创体验，强化自然教育体验，丰富品牌赛事活动，打造著名旅游目的地。绿道可与全龄友好空间有机融合，是特色主题路径的有机组成部分，也是自然教育、体育赛事、休闲旅游活动的重要途径与场所。综上，深圳公园城市建设与绿道建设息息相关、密不可分，全境绿道（步道）体系的完善将助力解决现状公园分布不均、网络连通性和步行可达性有待提高、绿色出行环境品质有待提高、游憩服务设施有待完善等问题。

2.2.2.2 从绿道规划到多层次户外休闲步道规划

1.《深圳市绿道网专项规划（2010—2020 年）》

该规划提出"生态优先，节约环保；整合资源，协调规划；因地制宜，结构合理；以人为本，特色多样"的基本原则，首次打破传统的"盆景式"生态保护模式，贯彻"以使用来保护"的新理念，将生态保护与市民休闲、慢行通勤等功能相互融合，将深圳绿道划分为区域—城市—社区三个层级，在全市范围内构建以区域绿道为骨干、以城市绿道为支撑、以社区绿道为补充，结构合理、衔接有序、连通便捷、配套完善的绿道网络。提出四项规划策略：以绿色为脉，串联整合生态资源，构筑与城市结构相契合的绿道网格局；以文化为络，挖掘历史人文和城市特色，丰富绿道网的空间与功能内涵；以使用者为本，创造积极而丰富的活动空间，带动绿道沿线经济发展；以慢行道为媒，支持步行或非机动交通出行，倡导绿色低碳生活方式。

深圳具有背山面海，山河湖海俱全的自然景观优势，深圳市绿道网规划以"基本生态控制线"为基础，顺应"组团—轴带"式城市空间形态，构筑了"四横八环"的绿道网总体格局。规划 2 条区域绿道作为骨架，连接全市主要生态人文资源，总长度约 300km。规划 25 条城市绿道，根据空间特征分为滨海风情、山海风光、滨河休闲、都市活力四种类型，总长度约 500km。社区绿道以城市组团为基本单位进行组织，与都市生活建立紧密联系。深圳在全国率先提出绿道网可达性规划目标，要求市民骑行 30~45min 可达区域绿道，15min 可达城市绿道，5min 可达社区绿道。

2.《深圳市碧道建设总体规划（2020—2035年）》

该规划提出"碧一江春水、道两岸风华"的愿景和"治水治产治城相融合、生产生活生态相协调"的核心理念，以及"安全的行洪通道、健康的生态廊道、秀美的休闲漫道、独特的文化驿道、绿色的产业链道""五道合一"的内涵（图2-36）；勾勒出"一带、两湾、四脉、八廊"的碧道总体空间结构，即"一片湖库串珠的郊野游憩带，两条连通东西的滨海休闲湾，四组穿城连山的产城共治脉，八段通山达海的生态活力廊"。

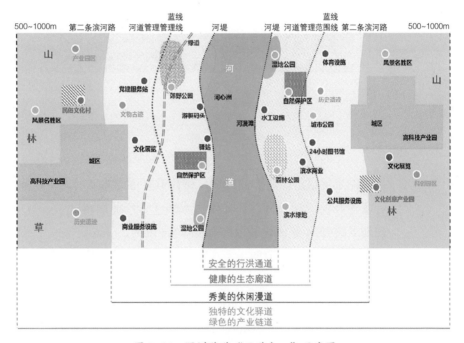

图 2-36　深圳碧道"五道合一"示意图

该规划对深圳市的河流湖库滨海岸线、生态红线、水源保护区、绿地系统、建设密度、重点建设项目六大要素进行叠加分析，综合地域特征与水体类型两个维度，将深圳碧道细分为9个具体类型（图2-37）。提出打造三种特色碧道线，包括特色河流碧道线、特色湖库碧道线、特色滨海碧道线，将推动深圳滨水绿道的全面提升。

该规划要求统筹山水林田湖草等各类生态要素，构建"河海安澜的安全系统、蓝绿交融的生态系统、公共开放的休闲系统、缤纷荟萃的文化系统、水城融合的产业系统"五大系统，持续改善生态环境、拓展城市空间、

图 2-37　深圳市碧道分类图

扩大民生供给、提升产业能级，将碧道打造成为"河湖 + 产业 + 城市"综合治理开发的样板区，让城市因水而美、产业因水而兴、市民因水而乐。规划至 2025 年建成碧道总长达 1000km 以上。

3.《深圳市绿道网（多层次户外休闲步道）专项规划（2021—2035年）》（草案）

《深圳市绿道网专项规划（2010—2020 年）》指导深圳快速建成三级绿道网体系，完成"量的增长"相比之下，新一轮规划更加注重精准精细指引，强化"质的提升"。基于国土空间治理要求全面规划布局，构建蓝绿交织的全域绿道网，打造彰显山海资源与城市特色的"深圳品牌"绿道，切实发挥深圳在高密度城市绿道建设管理方面的示范引领作用，将深圳建成美丽宜居、更具获得感的"绿道上的公园城市"，规划到 2035 年建成超5000km 的全境步道。

新一轮规划应对新时代、新发展要求，进一步拓展绿道内涵，统筹融合推进深圳市绿道、碧道、慢行道、古驿道、远足径、郊野径等各类人工及自然线性空间建设，实现"多道融合"。延续上一轮绿道规划提出的区域—城市—社区三级绿道体系，强化绿道作为链接自然山水与城市的骨架作用，本轮规划在城市绿道层级中细分出城市骨干级绿道，将位于城市

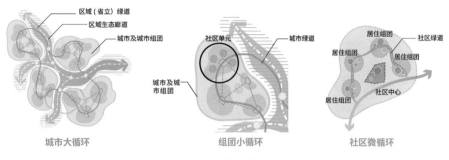

图 2-38　绿道分级图

重要生态结构的绿道纳入此层级（图 2-38）。为统筹山水林田湖草海全域全要素，彰显深圳山海资源特色及对接绿道建设管理需求，以绿道所处的资源特征为依据进行分类，形成山林型、滨海（水）型、都市型三大分类（图 2-39）。构建"通山、达海、贯城、串趣"的全域绿道网络体系，形成"生态、生活、生产"三生融合的城市绿色韧带，实现"畅达绿脊蓝湾美城，趣享山海户外天堂"的总体目标（图 2-40）。

新一轮规划响应《深圳市公园城市建设总体规划暨三年行动计划（2022—2024 年）》（草案）提出的"一脊一带二十廊"的空间骨架，自然野趣的山脊翠脉和活力韧性的滨海蓝带东西向贯通深圳中央山脉和水际线，20 条蓝绿嵌合的山水绿廊联系自然与城市，打造宜居宜业宜游山水生活圈。

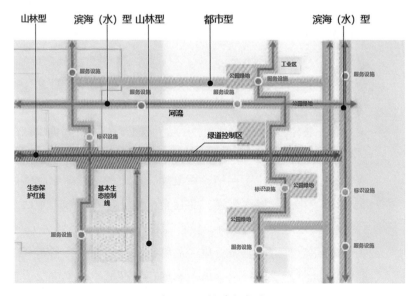

图 2-39　绿道分类图

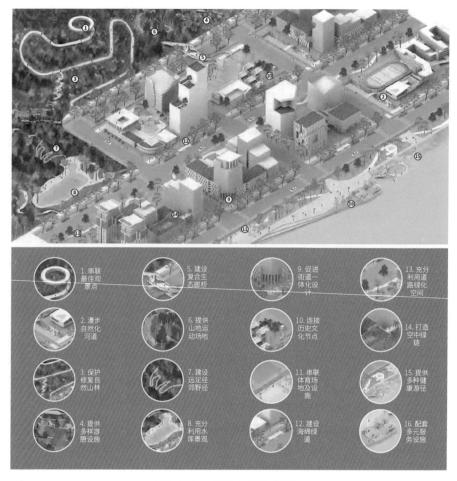

图 2-40　绿道空间概念图

全域织网，结合山林型、滨海（水）型、都市型三大绿道分类，构建山、海、城三大户外体验系统，以区域（省立）、城市、社区三级织网，实现"2km 进森林、1km 亲水岸、500m 进公园"。该规划提出四条发展策略：第一，自然绿道。系统提升绿道生态功能与质量，协调绿道建设与生态保护，织补区域连通的生态网络，修复生物友好的自然绿廊，建设亲近自然的城中绿道。第二，健康乐道。共建全龄多元趣享的绿道生活，贯彻全龄友好设计，构建健康游径系统，完善绿道复合功能，承接多元赛事活动。第三，魅力享道。打造"鹏城万里"品牌特色，构建文化特色环线，建设百条精品绿道，打造深圳绿道品牌。第四，智慧绿道。推进绿道精细化智慧化管理，建设智慧平台，加强智慧服务和体验。

4.《深圳市远足径专项规划（2022—2025 年）》（草案）

深圳远足径体系是完善绿道网络、助力实现山海连城计划、打通公园城市生态游憩绿脊的重要元素（图 2-41）。相较于绿道快速抵达休闲目的地的优势，远足径更侧重满足热爱运动的市民长距离越野、徒步的运动需求，旨在打通公众亲自然的"最后一公里"，构建"生态、人文、舒适、可达"的高品质城市生态绿色空间。该规划根据空间分布特征，将深圳远足径体系分为主线、支线和郊野径三个层级。主线为连接深圳五大山系的代表性路线，支线为跨区连接、山海连接的路线，郊野径为自然路面或采用手作工法建造的步道。面向使用者使用需求，进行了 5 级难度综合分级；面向

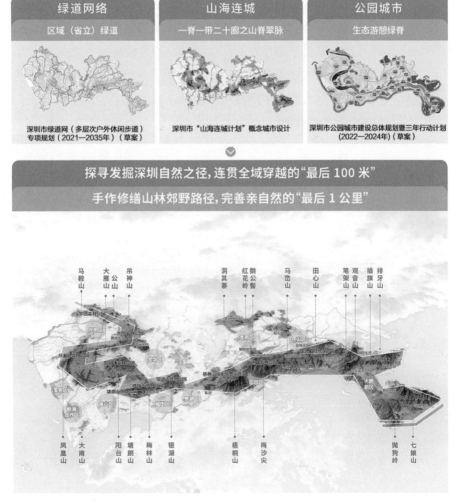

图 2-41 从绿道网到远足径，实现山海连城公园深圳

多层次体验需求，进行了亲子休闲、科教研习、文化溯源、远足健身、自然探险 5 大主题分类。

该规划提出"人、自然、城市和谐共生的千公里亲自然游憩网络"的目标愿景，注重两项实施原则，即环境友善，营建零增长、零冲击、零伤害的自然路径；以人为本，创造全域、全龄、全体验的山海脉络。以人们"走出来"的自然徒步道为基本组成，形成"东西贯通、南北互联"的亲自然徒步网络。

该规划提出五条发展策略：第一，贯通可行。根据分步贯通思路，先由山林步道联系城市慢网实现慢行贯通，再由林荫大道及线性公园实现体验贯通，最后依托生态廊桥实现生态贯通（图 2-42）。第二，便捷可达。制定三级出入口设置指引，提高公共交通可达性，提升出入口服务能力。第三，路径可感。统一标识体例，规范编号标距，制定导控原则。第四，山野可憩。建立基础设施、安全设施、特色设施三大类配套设施系统，并制定布局指引与建设指引（图 2-43、图 2-44）。第五，趣味可游。打造体验山水林田湖海的多主题游线，发掘纵览山海城的多维观景点，构建难度分级和特色分类游线。

图 2-42 远足径分布贯通思路

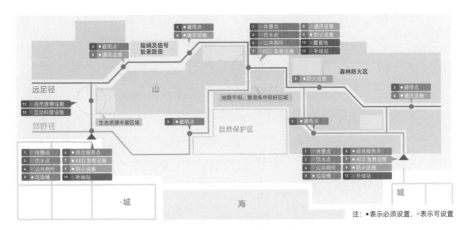

图 2-43　远足径布局指引图

图 2-44　远足径建设指引图

2.2.2.3　其他相关规划建设导则与指导意见

1.《绿道建设规范》

深圳市 2011 年发布了《深圳市区域绿道控制区保护和管理规定》《深圳市城市和社区绿道规划建设指引（试行）》，指导本地绿道建设。2019 年发布的深圳市地方标准《绿道建设规范》DB4403/T 19—2019，将绿道定义为"一种线形绿色开敞空间，通常沿着河滨、溪谷、山脊、风景道等自然和人工廊道建立，内设可供使用者进入的景观游憩线路，连接主要的公园、自然保护区、风景名胜区、历史古迹和城乡居住区等"。该规范提出"生态优先、安全保护、地方特色、便捷连通、功能多样、节能环保"的绿道建设原则，明确绿道选线及分类选线要求，并对绿道游径系统、绿廊系统、服务设施、市政设施、标识设施建设等，分别做了细化规定，还对绿道智慧化建设以及防灾避险、通行、生态、设施等方面的安全要求做出了细化规定。

2.《深圳市步行和自行车交通系统规划设计导则》（2020 年版）

该导则沿用了住房和城乡建设部《绿道规划设计导则》中的绿道定义："绿道是以自然要素为基础，串联城乡游憩、休闲等绿色开敞空间，以游憩、健身为主，兼具绿色出行功能的廊道。"该导则提出绿道中供人们步行、自行车骑行的道路系统是绿道的基本组成要素。绿道系统规划设计应符合以下规定：（1）绿道应结合城市水体、山体布置，并尽可能延伸到城市中心，与城市公园、绿地、公共空间相互贯通，连线成网，丰富和补充步行和自行车交通系统，为步行和自行车出行与休闲提供良好的空间环境。（2）绿道除休憩健身功能外，在中心城区应同时考虑交通功能，如设置最短路径的自行车道，并与城市道路相连通，使城市绿道系统与城市步行和自行车交通系统有效衔接。（3）绿道应在铺装、街道家具、绿化景观、指示标识等方面满足步行和自行车交通的需求。（4）绿道中涉及步行和自行车交通的内容，应参照导则中步行专用路和自行车专用路相关条款。

3.《深圳市碧道设计导则（试行）》

该导则 2021 年发布，将深圳碧道定义为"以水为纽带，以河流湖库及滨海岸线为载体，统筹安全、生态、休闲、文化和经济五大功能建立的复合型廊道"，以"水产城共治"为核心理念，通过系统思维共建共治共享，优化生产、生活、生态空间格局，形成"安全的行洪通道、健康的生态廊道、秀美的休闲漫道、独特的文化驿道、绿色的产业链道"。该导则明确碧道设计范围包括但不仅限于碧道建设范围，具体项目应结合实际用地权属、国土空间规划编制等情况合理划定纳入，统筹考虑河道蓝线、滨水地区绿线、道路红线等。该导则将打造河海安澜的安全系统作为底线任务，将培育蓝绿交融的生态系统和构建公共开放的休闲系统作为核心任务，将形成缤纷荟萃的文化系统和实现产城融合的产业系统作为提升任务；提出"安全为本、生态优先、特色彰显、系统治理、协同协作、经济合理"六项设计原则，重点从安全、生态、休闲、文化、产业五大系统进行引导。

4.《远足径建设规范》

该规范 2022 年发布，将手作步道定义为"以降低对自然环境的影响、提升游客体验感为原则，注重因地制宜、就近取材，通过人力方式，以运用非动力工具施作、参考传统工法为主建设及修复的徒步线路"；将远足径定义为"穿越山林郊野、江河湖库、滨海岸线等代表性自然风景区域的远足徒步路线，采用手作步道或借由现有绿道网贯穿自然野区域，构成一条连续的纵贯线与多条长跨度的线路"。该规范明确"贯通性、便捷性、自然性、安全性、低干扰性"五项选项原则，要求进行资源与需求调查；提出"生态优先、安全保护、因地制宜、施作自然、突出特色"的建设原则。该规范对排水设施、消能设施、护坡、阶梯、步道面层、安全辅助设施、休憩设施等的常用建设工法做出了规定，还对配套设施和管理维护做出了规定。

2.2.3　优秀案例

截至 2022 年底，深圳以平均每年新建 39 个公园的速度，全市公园总数已达 1260 个，公园 500m 绿地服务半径覆盖率超过 90%。中国城市规划设计研究院发布的《2022 年中国主要城市公园评估报告》显示，在公园分布均好度评价中，深圳位列超大城市第一名。从"城市里寻找公园"到"在公园里遇到城市"，这座城市正在变成一个大公园。这里不设门票，没有围墙，全市域绿道成网，总长度达 3120km，密度达 1.56km/km²。据不完全统计，当前深圳绿道使用人数已近 5000 万人次。深圳每年举办的百公里万人徒步穿越活动，80% 的路线都在绿道上。打开社交软件，关于"深圳绿道"的笔记多达数万篇，2022 年推出的"我最喜爱的深圳绿道评选"活动中，深圳 23 条精品绿道获得市民全网点赞超百万次。

深圳绿道建设立足城市资源条件，经历了从线路连通到功能持续拓展完善的过程，在生态保护与民生服务之间不断探索最佳的平衡点。深圳以率先打造人与自然和谐共生的美丽中国典范为目标，整合山林、滨海、滨河绿道、郊野径与远足径，打造山海通廊，联系公园、郊野公园、自然公园等形成公园群与公园带，并强化公园内外连通，营造无边界公园与公园社区，其成功经验值得其他城市学习借鉴。

2.2.3.1　从分隔界线到智慧绿道，从手作步道到自然研习径

1982 年，深圳建设了特区管理线（俗称"二线"）分隔特区内外，由武警边防部队值守。特区管理线由巡逻道、铁丝网、哨岗亭以及关口组成，

图 2-45　梅林坳绿道

全长 84.6km。伴随深圳的蓬勃发展，"二线"的边防功能不断弱化，广东省掀起绿道建设热潮后，特区管理线被选为广东省立绿道 2 号线在深圳的核心段落，其中跨南山、福田、罗湖三区的路线基本与原巡逻道重合。

2010 年，广东省立绿道 2 号线示范段（梅林坳绿道，全长约 23km）建成，是深圳建成的首条绿道。绿道游径主要依托原巡逻道石板路建设，对原有隔离铁丝网进行垂直绿化，保留历史记忆，设置观景台及由废旧集装箱改装而成的绿道驿站，为游客提供服务（图 2-45）。2018 年初国务院正式批复同意撤销深圳经济特区管理线，承载历史记忆的"二线"巡逻道彻底成为休闲旅游观光线路。2019 年广东省立绿道 2 号线（淘金山绿道，全长约 7km）建成，继续利用原有巡逻路，建设郊野生态型绿道，沿线分为映彩华章、山林野趣、山湖叠翠和绿廊揽胜 4 个主题段，包含风铃溪谷、栖霞驿站、湖山在望等多个景点（图 2-46）。淘金山绿道与山地海绵体系相融合，同时着力打造智慧型绿道。智慧管理方面具有视频监控、人流量监测、车辆管理、边坡监测、空气质量监测等功能；智慧服务方面具有 VR 导览、AI 互动屏、语音精灵服务、Wi-Fi 免费上网、紧急报警、土壤水质检测等功能，并为 5G 应用等预留接口。结合绿道建设，开设淘金山自然教育中心和青少年人工智能教育中心，进一步拓展绿道功能，并更好地为市民提供特色服务。

图 2-46　淘金山绿道
资料来源：深圳市城市管理和综合执法局

　　2019 年深圳市启动了"深圳市郊野径建设设计计划"，选择了对自然环境冲击小、引入公众参与的"手作步道"模式，既能满足市民户外活动需求，又能很好地保护自然生态环境。2019 年底深圳首条郊野径手作步道——梅林山郊野径示范段建成，全长 3.8km，使用渡步、台阶、导流横木、驳坎、消能设施、安全绳等手工工法。手作步道以人力方式运用非动力工具进行施作，提倡就地取材，利用风倒木、现地石材等修筑，对自然环境进行低冲击甚至零冲击开发，达到"自然无痕"的效果（图 2-47）。梅林山郊野径设置了与自然环境和谐相融的指示标识及活动场地，每隔一段距离还设置了急救箱和救援电话等信息标识，保障登山者的安全。

图 2-47　梅林山郊野径
资料来源：深圳市公园管理中心

　　2020 年底，深圳市中部郊野径全线完成建设，包含塘朗山、梅林山和银湖山段，总长达 24.74km，跨越深圳市南山、福田和罗湖三区（图 2-48）。郊野径选线由深圳知名户外组织、登山爱好者以及专业步道设计师联合完成，经过多次实地踩点勘测以及周边自然资源调查，并就主要使用人群、徒步难度等级、安全等级及防护措施进行反复研究和探讨。郊野径对自然友好又充满野趣，是对山体绿道的有效补充与拓展，受到了公众的喜爱。

　　深圳市中部郊野径建成后，部分段落依托资源优势开辟了自然研习径，比如塘朗山方舟自然研习径。塘朗山是深圳的"中央山脉"，历史上因为"二线关"的存在而得到了封闭式管理，保存了良好的生态环境，保留了不

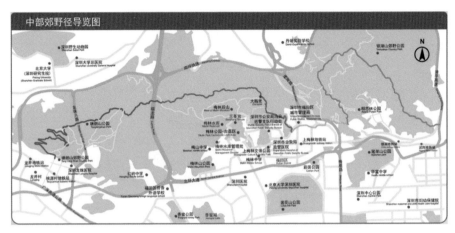

图 2-48 深圳中部郊野径导览图

少别处难得一见的野生物种；随着深圳城市化向北发展，塘朗山成为城市中心的生态屏障。自然研习径横贯塘朗山脊，主要由原住民遗留下来的古道、登山"驴友"走出来的徒步小道等串联而成。这条线路全长约 16km，可通达海拔 430m 的塘朗山主峰，沿途物种与植被丰富，难度适中，成人匀速行走需 8~9h，有多条下撤线路，是深圳市民就近体验观察本土自然的极佳线路。

2.2.3.2 从风景区绿道到山林公园带

梧桐山主峰海拔 943.7m，是深圳最高峰，也是深圳市重要的生态屏障，被誉为"城市绿肺"。梧桐山风景名胜区位于梧桐山南麓，横跨罗湖、盐田、龙岗三区，南接香港新界，总面积 31.82km²，于 1989 年被林业部批准建立国家级森林公园（梧桐山国家森林公园），于 2009 年被国务院公布为国家级风景名胜区，以滨海山地和自然植被为景观主体，"梧桐烟云"被评为深圳新八景之一。

梧桐绿道于 2012 年建成，是深圳首批绿道，穿过梧桐山风景名胜区，依山傍水联系许多重要景点，保护自然环境并带动沿线发展，被市民誉为"深圳最美绿道"。绿道部分段落沿一级水源保护地深圳水库建设，可俯瞰水库全貌（图 2-49）。绿道串联的东湖公园是深圳最早建设的大型综合公园之一，仙湖植物园是华南地区规模最大的植物园，绿道还连接博雅馆、梧桐文体公园、梧桐艺术小镇等文化产业基地。

图 2-49　梧桐绿道
资料来源：深圳市城市管理和综合执法局

在建成绿道的基础上，2017 年深圳开始修建梧桐山森林步道，连通毛棉杜鹃观赏区，采用手作石头步道形式，铺路使用的石块、泥土、沙石等原材料全部来源于梧桐山，由纯人力修建而成，实现了对原始自然环境最大限度的保护与融合。2018 年设立的梧桐绿道自然教育中心是深圳市首个结合绿道的自然教育中心，从植物辨识、自然野趣、户外环保等多个角度提供自然导赏服务，立体展示绿道沿线丰富的自然生态资源。

2020 年深圳以原有风景区、森林公园、绿道和登山环道为依托，新建或改造形成全长 69km 的半山公园带，贯穿 150~300m 的低海拔近城山林地带，由梧桐山国家森林公园通达盐田城区，形成了视野开阔、山海城交融的魅力公园带（图 2-50）。规划以"大众共享"为理念，打造山林公共产品；以"最小干预"为原则，降低对山林生态的影响；以"全龄友好"为重点，满足老人、儿童亲近山林的体验；以"安全管理"为保障，解决山林开放共享的安全难题。一方面，为市民提供从小众独享到全龄共享、分梯度体验的山林空间，实现活力由滨海岸线向低海拔山林拓展；另一方面，与盐田区现有旅游目的地形成 1km 活动圈，构建合纵连横的"山海城一体"联动发展的全域旅游空间格局。半山公园带兼顾本地居民、观光游客、登山爱好者及赛事参与者等目标群体的需求，具备不同长度、不同时间及不同体验的大小循环路线，于 2021 年 2 月全线贯通，获得市民与游客的高度认可。

图 2-50　半山公园带

2.2.3.3　从滨海绿道到滨水活力蓝带

深圳海岸线总长达 260km，滨海绿道结合自然及人工岸线，不同段落各具风情，以深圳湾绿道和盐田滨海栈道为代表。《深圳市公园城市建设总体规划暨三年行动计划（2022—2024 年）》（草案）提出建设滨水活力蓝带，即以东部大亚湾、大鹏湾，中部深圳河干流沿岸，西部深圳湾、珠江口联结的滨海滨水生态景观带，通过建设近海亲水游憩场所，为城市旅游休闲活动提供优良的公共空间。在公园城市导向下，深圳滨海绿道将在分段贯通的基础上走向全线盘活，打造全长约 200km、横贯东西的滨海骑行道，将成为讲述深圳故事的标志性线路之一，助力完善全域旅游新格局。

深圳湾绿道位于深圳西南沿海，全长近 17km，串联 7 个滨海片区、20余个主题公园及多处地标建筑，是集休闲、健身运动、观光旅游、体验自然等于一体的绿色海滨长廊。深圳湾绿道分为东西两段。东段长 9.5km，于2011 年建成开放。西段及其延长段总长 7.3km，于 2018 年底建成开放。滨海绿道全线分设有人行道、自行车道和跑步道，中间采用绿化带或高差隔离，满足不同人群的使用需求。深圳湾绿道与沿线公园紧密结合，连通周

图 2-51　深圳湾滨海休闲带西段（1）

图 2-52　深圳湾滨海休闲带西段（2）

图 2-53　深圳湾滨海休闲带西段（3）

图 2-54　深圳湾滨海休闲带西段延长段

边社区，配套观景、休闲健身、儿童活动、公共艺术、无障碍等设施，为居民提供多样化的服务（图 2-51~ 图 2-54）。

盐田滨海栈道位于深圳市东南海滨，临大鹏湾而建，全长 19.5km，贯穿沙头角、盐田港、大小梅沙海滩，是盐田区"黄金海岸"旅游体系的重要组成部分。2018 年盐田滨海栈道因台风"山竹"而遭到严重损毁，因此实施了重建工程。重建的栈道将原本割裂的城市空间与自然景区紧密地联系在一起，重新定义了丰富的人文生活与壮阔的自然景观之间的关系，并延伸联系海滨商业街区，带给城市更具活力的滨海岸线。结合地势设置上层自行车骑行道、下层栈道和两层之间的联系步道（图 2-55）。采用更适应气候的构造细节，设置不同类型的休憩观景平台，为市民提供更具容纳性和活动性的开放空间。集漫步、骑行于一体的休闲海滨长廊与海鲜美食街自然衔接，以铺装标识出不同功能空间，并设置供停留观海的室外吧凳区（图 2-56）。

图 2-55　重建盐田滨海栈道鸟瞰

图 2-56　重建盐田滨海栈道海鲜街段

2.2.3.4　从滨河绿道到样板碧道

深圳河流众多，滨水绿道具有较好的基础，2019 年启动碧道建设，以河道为主线，统筹区域生态环境优化、流域空间复合利用、产业结构转型与城市功能更新提升，进一步优化城市滨水空间，建成了许多优秀案例，茅洲河碧道和大沙河生态走廊就是其中的代表。

茅洲河是深圳第一大河，河畔企业聚集，环境承载力不堪重负，一度成为广东省污染最严重的河流。2013 年以来启动水环境综合整治，采取全流域控源截污、雨污分流、产业转型等措施，水质得到明显改善。2019 年茅洲河被选为广东省碧道试点，试点段全长约 12.9km，对两岸 15.5km² 的范围进行了整体规划，划分五个主题段落，建设集"行洪通道、生态廊道、休闲漫道、文化驿道、产业链道"于一体的高品质滨水空间。茅洲河碧道建设以生态修复为基础，首先梳理河中绿洲及河畔滩地，恢复水流的蜿蜒性；其次以生态工法构建壅水坝、丁坝、沉床、导流堰等，优化流水区的宽窄、深浅与流速，恢复为接近天然河道的结构；最后种植河岸林，结合食源、蜜源、固土、净水等植物，营造多样化的生境（图 2-57）。茅洲河碧道有效传承工业记忆，并促进沿岸产业转型与环境提升，承载教育展示、休闲运动、商业服务等多元功能。左岸科技公园将原有物流园区改造为科技展示与生态体验交融的公园，茅洲河展示馆由原本聚集"小、散、微、污"企业的办公楼改造而成，茅洲河水文教育展示馆将景观建筑与环境融为一体，打造"碧道之环"节点（图 2-58、图 2-59）。南光绿境公园将

图 2-57 茅洲河生态修复

污水处理厂旧址改造为体育运动公园，亲水活力公园对原有龙舟赛事场所
进行了提升。大围沙河商业街由原有滨河步行街改造而成，植入新的业态，
重塑街道空间；啤酒花园联动邻近青岛啤酒厂，举办文化节、音乐节、集
市等活动。

　　大沙河是纵贯深圳市南山区、传承城市记忆的"母亲河"，全长
13.7km。随着城市快速发展，大沙河由自然河道变成了以排洪调蓄为主
的功能性"渠道"。2019 年建成的大沙河生态走廊是重点打造的碧道样
板，秉持生态优先的基本理念，从水资源管理、生态栖息地营造和构建

图 2-58 左岸科技公园　　　　　　　　图 2-59 茅洲河水文教育展示馆

系统生态格局三方面进行生态恢复。在原有滨河绿道的基础上进行改造，贯通两岸自行车道及漫步道，建成深圳最大的滨水慢行系统。同时对河道绿化、活动场地、服务建筑与设施等进行全面提升，满足市民多样化的需求，打造亲水体验、休闲赏景的公共空间。大沙河碧道成功实现了城川融合，重塑和谐的人水关系，形成了风景优美、充满活力的"城市项链"（图 2-60）。大沙河生态长廊紧密衔接沿线环境，分为三个主题段落。上游"学院之道"段穿过深圳大学城片区，着重文化氛围营造，设置草坡台地剧场、研理平台、科研湿地花园等，为高校师生提供室外活动及实验场所。中游"城市森林"段周边以居民区为主，串联众多绿地，引入社区康体、儿童探索、科普教育等功能场所，便于市民就近使用。下游"活力水岸"段连接深圳湾，衔接周边公共建筑，设置亲水活动空间；该段水面宽阔，成为赛艇、皮划艇、龙舟赛等水上活动的重要场所（图 2-61~ 图 2-63）。

图 2-60　大沙河生态长廊鸟瞰

图 2-61　大沙河生态长廊"学院之道"段

图 2-62　大沙河生态长廊"城市森林"段

图 2-63　大沙河生态长廊"活力水岸"段

2.2.3.5 从"山海连城"计划到山海通廊

"山海连城"计划是深圳"6+2"城市设计行动之一，后被纳入《深圳市国土空间总体规划（2020—2035 年）》（草案）及《深圳市公园城市建设总体规划暨三年行动计划（2022—2024 年）》（草案）。"山海连城"计划是深圳市对于全域全要素城市空间营造的规划回应与创新实践，一方面构建"生态格局引领"的全域全要素"保护与开发一体化"国土空间完整格局，统筹蓝绿与城市建设空间，创造山、海、城相依的新型关系；另一方面推动城市治理能力升级，统合原来条块分割的相关部门，形成凝聚合力的"美丽深圳"共识性行动纲领。"山海连城"计划以融合为目标，以连接为手段，搭建与自然和谐共生的城市魅力骨架。首先是连生态，连通孤立的生态斑块，完整山海城生境系统；其次是连生活，联系独立的公园与场所，形成网络化自然休闲系统；最后是连体验，连接市民与自然大美，打造城市级观景系统。

"山海连城"计划形成"一脊一带十八廊"（后拓展为二十廊）的结构，"一脊"是横贯深圳中部的绿色山脊，串联自然保护地（国家风景名胜区、国家地质公园、自然保护区、森林郊野公园和水库水源保护区）等。"一脊"上的非生态核心保护区，设置多个全景城市看台和服务驿站，人们可选择郊野径徒步、森林小巴、缆车等多种交通方式到达。"一带"是串联海湾、半岛、湿地、沙滩的滨海蓝带，提供高丰富度和极具湾区活力的滨海生活方式。"十八廊"是十八条山海通廊（后拓展为二十条），依托零星山体和自然水系实现通山达海，其既是高密度城区的通风廊道、景观廊道，也是展现城市人文特色的活力廊道。

2022 年 8 月深圳首条山海通廊即塘朗山—大沙河—深圳湾通廊实现全线贯通。该山海通廊全长 13km，可从塘朗山最高点极目阁，徒步至山脚下的茶光登山口，再经过新修建的紫涧园进入大沙河生态长廊，至入海口与深圳湾公园衔接。项目建设的重点和难点一是消除断点，贯通休闲廊道与生态廊道；二是加强城绿（园）互动，设置山顶观景点，畅通优美的风景视廊（图 2-64、图 2-65）。自 2019 年大沙河生态水廊建成开放后，大沙河—深圳湾段已经贯通，最后贯通的部分为茶光—塘朗山远足径示范段。在远足径建设过程中，深圳城管部门始终秉持"三零原则"，即"水泥步道零增长、生命物种零冲击、生态环境零损失"，尽量保持路面原生态，保留

图 2-64　塘朗山—大沙河—深圳湾通廊线路图

图 2-65　塘朗山—大沙河—深圳湾通廊观景点

山林现有特色，在山中现有土路的基础上进行整理和贯通，使步道与周围环境达到最大限度地融合。

2.2.3.6　从公园绿道到公园群

莲花山公园与笔架山公园是深圳福田中心区重要的大规模公园绿地，两个公园内部均已在原有园路的基础上建设绿道系统，可供游人登山健身、俯瞰赏景。两个公园之间仅隔一个街区，但是因为市政交通主干道的分割，穿行不便。2021 年底建成空中廊桥，西连莲花山公园，中跨深业上城商业区，东接笔架山公园，全长约 1.2km，桥面宽 10~18m。空中廊桥有效打通了绿道"断点"，使两大公园与新兴商业区无缝连通，推动了公园与城市的融合，畅通了两山之间的生态连接，增加了市民活动的可达性。空中廊桥采用莲藕状折线造型，设置城市家具与绿化，提供了欣赏城市景观的新途径，其自身也构成了新的城市景观标志物（图 2-66）。

2023 年深圳市政府工作报告提出加快推进"公园城市"建设，实施莲花山公园—笔架山公园—中心公园—梅林山公园—银湖山公园"五园连通"工程（图 2-67）。通过新建、改造慢行系统等方式，修复断点提升连接条件，完善生态游憩骨架，让原本距离不远的公园、闲置绿地集群连片，互连互通，便捷可达。目前深圳已开展梅林山—银湖山生态游憩廊桥方案设计国际竞赛，向全球征集优秀设计方案，创新连接方式，将道路两侧的山体重新连接起来，既做到生态修复，又方便市民登山休闲、亲近自然。

"五园连通"是深圳公园群建设行动的重要内容，根据《深圳市公园城市建设总体规划暨三年行动计划（2022—2024 年）》（草案），深圳将建设20 个公园群，绿道作为公园之间的联系纽带，将发挥更重要的作用。深圳目前已有不少绿道是结合公园建设的，既有结合公园园路建设的，如园博园绿道、大运公园绿道等；也有为保护现状植被而架设的栈道，如香蜜公园绿道等，未来随着深圳推进公园开放共享，绿道将更好地实现公园内外衔接，并纳入城市绿色交通体系，进一步促进公园融城。

图 2-66 深圳莲花山空中连廊
资料来源：深圳商报，黄青山 摄

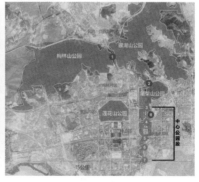

图 2-67 "五园连通"工程平面图

2.3 上海市：公园城市高质量发展的绿色动脉

2.3.1 发展概况

上海地处长江入海口，境内江、河、湖、塘相间，水网交织，平均河网密度达 2~4km/km^2。上海是一个自然生态资源相对匮乏的城市，同时高度城市化导致中心城区用地紧张，绿道建设与城市更新、微更新紧密结合。相对于成都和深圳，虽然上海绿道规划建设的启动时间并不算早，但是发展迅速，并结合新一轮城市总体规划定位和"公园城市"新发展目标，走出了具有超大城市特点的精细化绿道建设之路，主要具有以下特点：

首先，以"上海 2035"总体规划为基础，从专项规划到重点地区规划逐步细化落实。《上海市城市总体规划（2017—2035 年）》以"卓越的全球城市，令人向往的创新之城、人文之城、生态之城，具有世界影响力的社会主义现代化国际大都市"为目标，优化市域城乡体系，实现规划建设用地总规模"负增长"，同时提升宜居环境品质，完善公园体系，构建高品质公共空间网络，推进蓝网绿道建设。2015 年启动编制的《上海绿道专项规划》后被纳入《上海市生态空间专项规划（2021—2035）》，提出建设"城在园中、林廊环绕、蓝绿交织"的生态空间，"公园体系、森林体系、湿地体系"与"廊道网络、绿道网络"并重。对于"一江一河一带"（黄浦江、苏州河、环城生态公园带）重点地区分别编制了相关规划，实现对建设实施的有效指导。

其次，从公园城市指导意见、规划建设导则到实施方案，明确发展方向、引导要求和具体任务。2021 年的《关于推进上海市公园城市建设的指导意见》提出了公园城市建设的总体目标、指标体系和分期实施计划，"十四五"期间着力以"一江一河一带"推动主城区生态空间开放融合。2022 年的《上海市公园城市规划建设导则》，以"公园 +"和"+ 公园"为主要抓手，促进城市各类空间的开放、共享、提质，强化"公园"与"城市"的无界融合。2022 年底的《上海市"十四五"期间公园城市建设实施方案》提出六项主要任务：实施"千园工程"，增加绿化空间，贯通绿道网络，推动绿色共享，拓展公园主题功能，加强区域整体设计。

再次，完善相关规划建设标准规范及指导意见，从技术上和政策上加强跨部门的统筹协调，保障绿道与慢行系统及其他线性公共空间的融合与贯通，并积极实践开放共享。发布《上海市街道设计导则》《街道设计标准》DG/TJ 08—2293—2019、《上海市 15 分钟社区生活圈规划导则（试行）》《上海市绿道建设导则（试行）》《绿道建设技术标准》DG/TJ 08—2336—2020、《上海市河道规划设计导则》《关于机关、企事业等单位附属空间对社会开放工作的指导意见》等相关文件，鼓励城市绿线、道路红线、河道蓝线、开放地块内外绿色开放空间一体化规划设计和建设实施，实现城市空间的"无界融合"。

最后，结合城市更新优化城市功能，优化国土空间利用，落实规划设计、建设实施、运营管理全过程中的公众参与，实现共治共享。上海市经多方协调成功实现黄浦江、苏州河公共空间贯通，坚持还江（河）于民。在总体规划生态空间占比、森林覆盖率、人均公园绿地面积指标的基础上，增加了公园数量、开发边界内 3000m² 以上公园 500m 半径覆盖水平、市域绿道长度、公园绿地全时段开放共享率、对城市绿色开放空间的满意度等与民生服务紧密相连的公园城市关键指标，并将公园城市建设与社区 15min 生活圈建设有机融合。

上海绿道建设始于 2016 年，自 2017 年起连续被列入上海市政府实事项目持续推进，至 2022 年底已建成绿道约 1538km，着力为市民提供走出家门就可以享受的绿色空间，逐步构建层次丰富的休闲服务体系。上海绿道在建设过程之中，通过借用单位用地、居住用地等，一定程度上实现了单位、居住区绿化和公园绿地的无界融合，实现了单位、居住区内外公共空间的无界融合。未来上海将进一步强化社区绿道与市、区级绿道的连通成网，进一步强化绿色生态空间、公共空间的开放共享，全面提高绿道的实际服务效能，最终把绿道建设为生态之道、休闲之道、健康之道，成为助力上海公园城市高质量发展的"绿色动脉"。

2.3.2　相关规划及政策规范解读

2.3.2.1　从总体规划到专项规划、重点地区规划

1.《上海市城市总体规划（2017—2035 年）》

该规划将以生态基底为约束，以重要的交通廊道为骨架，以城镇圈

促进城乡统筹，以生活圈构建生活网络，优化城乡体系，培育多中心公共活动体系，形成"网络化、多中心、组团式、集约型"的空间体系。促进城乡一体化发展，制定差异化空间发展策略，形成"主城区—新城—新市镇—乡村"的市域城乡体系，并建设与之匹配的开放空间系统，确保生态用地（含绿化广场用地）占市域陆域面积比例不低于60%。建设以国家公园、郊野公园（区域公园）、城市公园、地区公园、社区公园为主体的城乡公园体系，大幅度提升人均公园绿地面积，增加若干个面积达 $1km^2$ 的大型城市公园，"针灸式"增加微型公园。

该规划提出构建高品质公共空间网络，推进蓝网绿道建设，加强滨海及骨干河道两侧生态廊道建设，修复生态岸线。至 2035 年，建成以226 条河道为主干的水绿交融的河道空间，形成市域蓝色网络；形成总长度 2000km 左右的骨干绿道，承载市民健身休闲等功能。全市形成通江达海、城乡一体、区域联动的蓝网绿道，兼顾生态保育功能与市民休闲需求。该规划还提出主城区生态生活岸线占比不低于95%，以水为脉构建城市慢行休闲系统，形成连续畅通的公共岸线和功能复合的滨水空间；加强郊区水系空间的保护修复，强化与长江口、杭州湾、环太湖地区的生态连接，形成区域一体的生态网络。结合"双环、九廊"等市域线性生态空间，设置骑行、步行、复合三类慢行道，承载市民健身、休闲等功能，考虑举办群众性体育赛事需求，安排各类设施。市域绿道系统建设与郊野公园（区域公园）建设相结合，保护并修复野生动物栖息地和迁徙走廊。

2.《上海市生态空间专项规划（2021—2035）》

该规划提出建设与具有世界影响力的社会主义现代化国际大都市相匹配的"城在园中、林廊环绕、蓝绿交织"的生态空间，打造一座令人向往的生态之城。立足上海高密度人居环境特征，践行"人民城市""公园城市""韧性城市"发展理念，通过"公园体系、森林体系、湿地体系"和"廊道网络、绿道网络"建设，保障城市生态安全、提升城市环境品质、满足居民的休闲需求。上海绿道网络与生态廊道网络相互交织，联系公园体系、森林体系与湿地体系，共同构建"江海交汇、水绿交融、文韵相承"的区域生态网络；构筑"双环、九廊、十区"的市域生态网络结构；优化主城区"一江、一河、一带"（黄浦江、苏州河、环城生态公园带）蓝绿空间网络（图 2-68）。

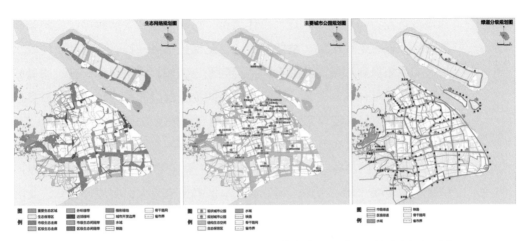

图 2-68　上海市生态网络规划图、主要城市公园规划图、绿道分级规划图

　　该规划提出绿道是城市生态保护、资源利用、市民健康休闲、慢行游憩等功能的重要承载空间,依托城市河道、道路等,更加注重以人为本的休憩娱乐服务,提供更为健康舒适的环境、更多元复合的空间。构建覆盖全市域的绿道体系,分为市级、区级、社区级三个等级,城镇型、郊野型、保育型三种类型。市级绿道形成"三环一带、三横三纵"的网络空间格局,建设环崇明岛、环淀山湖、沿外环绿带、沿江沿海以及沿黄浦江、苏州河、大冶河等重要生态空间的市级绿道。区级绿道上承市级绿道,下接社区级绿道,以绿色开敞空间连接城镇圈内重要功能组团以及城乡景观资源,方便市民健身休憩,回归自然。社区级绿道形成"中心加密、长藤结瓜"的网络结构,提升社区环境,满足日常公共活动需求。中心城结合滨水廊道建设城市绿道,郊区形成"一区一环、互连互通"的绿道网络。

　　3. "一江一河一带"重点地区规划

　　为更好地推动绿道建设,并同步优化沿线城市功能,上海对"一江一河一带"重点地区专门编制了多项规划,发挥了重要的规划引领功能。

　　2016 年编制完成的《黄浦江两岸公共空间贯通开放规划》有效指导了黄浦江两岸公共空间贯通工程的建设实施。2020 年发布的《黄浦江沿岸地区建设规划(2018—2035 年)》《苏州河沿岸地区建设规划(2018—2035 年)》,承接上海市"2035"总体规划的发展定位和目标,将规划范围由滨水地带拓展至沿岸地区,指导控制性详细规划和重要项目规划,主要包含三方面内容:一是谋划全局,从宏观层面确定黄浦江与苏州河的发展方向和建设重点，明确发展目标、总体结构、行动纲领、发展时序、实施策略等内容，强化全线统筹、整体推进。二是聚焦重点，针对影响和制约滨水地区功能拓展和环境品质提升的关键问题与区域，突出目标导向，明确核心目标与重点任务。三是注重实施，会同相关部门和各区政府围绕重点任务，形成分类分区建设实施指引，有效引导相关规划完善和项目建设工作。2021 年发布的《上海市"一江一河"发展"十四五"规划》明确了"一江一河"沿岸地区的持续发展方向，实现"工业锈带"向"生活秀带""发展绣带"的转变，将"一江一河"滨水地区打造成为人民共建、共享、共治的世界级滨水区。该规划提出推进"一江一河"滨水区域公共空间综合管理立法，成为城市精细化治理重要示范区；还针对性地制定了具体发展任务。2022 年起施行《上海市黄浦江苏州河滨水公共空间条例》，持续保障规划设计、建设实施、管理维护、共治共享的全过程。

2015 年编制的《上海外环林带绿道建设实施规划》是上海市首部绿道专项规划，依托外环林带，规划总长 112km 的绿道贯穿浦东、徐汇、闵行、长宁、普陀、嘉定、宝山 7 区。2021 年上海发布《关于加快推进环城生态公园带规划建设的实施意见》，提出建设"一大环 + 五小环"的环城生态公园带，明确了"十四五"期间主要任务。2023 年发布《外环绿带及沿线地区慢行空间贯通专项规划》以外环线内外各 5km 为空间范围，在现状评估的基础上，明确了外环绿带及周边地区慢行空间的目标愿景、规划导向与总体布局，构建由外环绿道主脉和支脉形成的大环，串联提升周边慢行空间形成的功能拓展环与区域联动环，并对三类环线慢行空间做了详细规划，细化了贯通方式、绿道建设、驿站设施等标准。

2.3.2.2 从公园城市指导意见、规划建设导则到实施方案

2021 年上海市发布《关于推进上海市公园城市建设的指导意见》，深入践行习近平总书记提出的"人民城市人民建，人民城市为人民"重要理念，进一步优化"市民—公园—城市"三者关系，积极破解超大城市生态环境建设瓶颈，不断推动绿色空间开放、共享、融合，提出了公园城市建设的总体目标、指标体系和分期实施计划，其中公园数量、市域绿道长度均被列为重要的量化指标。提出到 2025 年，公园与城市更加开放融合，公园城市治理取得突破，生态价值转换效益明显；各类公园数量增加到 1000座以上，市域绿道长度达 2000km。到 2035 年，公园城市基本建成，城市

有机更新，优美环境人人共享，生态价值高效转换；生态空间占比达 60%，力争建成公园 2000 座，市域骨干绿道长度达 2000km。该意见将强化全域绿道网络作为"十四五"期间的重大建设项目之一，强化全域公园的有机串联，推进滨水沿路两侧绿道建设，提升公共空间品质，促进生态、生活功能的有效融合，承载市民健身、休闲等功能，形成连续畅通、功能复合的公共活动空间。该意见明确了两个方面的主要任务：一是开展全域公园建设，打造生态网络基底，建设城乡公园体系，串联全域公园网络；二是推动全面开放融合，以"+ 公园"引导全面品质提升，以"公园 +"推动全面功能融合，推进公园绿地全面开放共享。该意见还提出了"十四五"期间公园城市建设的重点安排，首先划定重点发展区域，以"一江一河一带"推动主城区生态空间开放融合，以"绿心"公园引领五个新城环境品质全面提升，以公园绿地建设促进产业转型区域功能完善和融合创新；其次梳理重大建设项目，积极推进环城生态公园带建设，着力实施千座公园计划，强化实施全域绿道网络，最后列出重要提升举措，包括彰显江南园林特色风貌、推动绿化"四化"建设提升、引导单位绿化开放共享、制定"公园城区"的创建标准，并将公园城市建设有关要求和关键指标纳入绿色园区、美丽街区、15min 社区生活圈示范、乡村振兴示范镇（村）等相关创建标准。

2022 年 11 月印发《上海市公园城市规划建设导则》，延续《关于推进上海市公园城市建设的指导意见》提出的目标愿景，坚持全民共建，全民共享；坚持全域公园，全面提质；坚持无界融合，无界创新。追求公园城市的生态、美学、人文、社会、生活与经济价值，以全域绿色开放空间建设为基础，以全面推动生态价值转化为目标，在规划、设计、建设、管理、运维等城市规划建设的各个阶段，以"公园 +"和"+ 公园"为主要抓手，促进城市各类空间的开放、共享、提质，强化"公园"与"城市"的无界融合。"公园 +"——推进全域融合的公园建设，以全域绿色开放空间为主体，体现城市、乡村各级公园的差异化，强化多层次、一体化的体系建设，融入各类城市功能，满足市民的多元休闲需求，结合生态化、智慧化、开放化的空间特色，推动"公园"的整体品质提升。"+ 公园"——完善绿色开放的城市空间，以城市街区、社区、校区、产业园区以及乡村郊野地区为主体，体现各类城市区域的特色，通过一体化的规划、设计与建设，推动城市绿线、道路红线、河道蓝线、地块边界线等各种城市空间管理边界的内外融合，推动全年龄友好、全时段开放、全季节宜人的场景营造，建设形成公园中的街区、社区、校区、园区与乡村。绿道对于"+公园"具有重要意义。一方面绿道作为公园街区的重要线性空间要素，交通性道路融合道路红线内外绿带开展一体化设计，生活性道路绿化空间与沿街建筑首层功能融合共同构建积极界面，串联特色化的节点，助力创造多元活力场景（图 2-69）。另一方面绿道与慢行系统及林荫道（支路）相结合，优化社区、校区、园区与乡村的内部联系，通达生活区域与主要公共服务设施、交通站点等；并合理衔接外部高等级绿道网络。该导则还提出了"公园城市示范点""公园城市示范区"的创建标准，将社区绿道、园区绿道建设密度作为"公园型"社区生活圈、"公园型"示范园区的提升性指标，并对"公园型"乡村振兴示范村、示范片区的绿道或健身步道配置数量做出要求。

2022 年底发布《上海市"十四五"期间公园城市建设实施方案》，打造"城市乡村处处有公园、公园绿地处处是美景、绿色空间处处可亲近、人城境业处处相融合、爱绿护绿处处见行动"的城市，提出六项主要任务：实施"千园工程"，增加绿化空间，贯通绿道网络，推动绿色共享，拓展公园

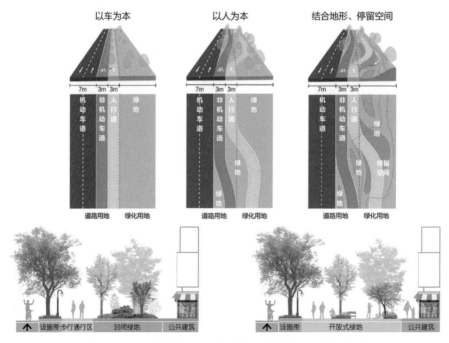

图 2-69　交通性道路一体化设计、生活性道路积极界面

主题功能，加强区域整体设计。绿道建设作为主要任务之一，要求建设连通区域、城市、社区的城乡绿道网络，完善绿道服务设施，提高绿道服务居民能力。到 2025 年，完成市域绿道 1000km，其中骨干绿道 500km。中心城结合"一江一河一带"公共空间贯通，建成高品质绿道，外环绿道除重大市政节点外全线基本贯通。主城区持续推进以川杨河、淀浦河、蕴藻浜、张家浜等为骨架的滨水廊道及两岸绿道建设。五个新城依托新城绿环实施环城绿道，崇明生态岛依托环岛运河和生态大道同步实施环岛绿道。启动实施上海大都市圈绿道，重点实现长三角一体化示范区绿道贯通。

2.3.2.3　其他相关规划建设导则与指导意见

1.《上海市 15 分钟社区生活圈规划导则（试行）》

该导则于 2016 年发布，分为总体愿景、居住、就业、出行、服务、休闲、行动指引七个篇章。其中休闲篇主要针对户外公共空间，并明确指出既包括集中布局的公共绿地和广场，也包括线型的绿道、步道等。既包括城市河道、风貌道路、商业街构成的步道系统，也包括社区内由生活性支路、公共通道、水系等构成的步道系统。要求提高公共空间可达性，使公共空间布局网络化，通过慢行的绿道、社区生活支路、公共通道、滨水步道，串联主要公共活动节点（如公园、绿地、广场、公共设施），形成居民日常公共活动网络，确保公共空间路径的便捷、安全、舒适（图 2-70）。鼓

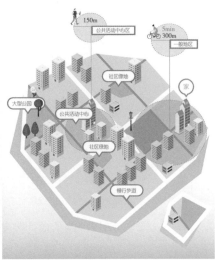

图 2-70　15min 社区生活圈绿道模式图

励沿滨水步道、生活性步道形成连续有序的建筑界面和宜人的高宽比；形成多元业态混合、开放活力的建筑界面，布局零售、餐饮、文化等公共服务功能；为行人提供驻留和休憩的街道设施，并注重地面铺装的人性化设计。

2.《上海市绿道建设导则（试行）》与《绿道建设技术标准》

2016年印发的《上海市绿道建设导则（试行）》将绿道定义为"依托绿带、林带、水道河网、景观道路、林荫道等自然和人工廊道建立，是一种具有生态保护、健康休闲和资源利用等功能的绿色线性空间"，具有生态保护、景观游憩、资源利用三大功能。该导则提出了绿道建设应遵循生态优先、安全规范、舒适便捷、低碳节约的基本原则，对绿廊、慢行系统、标识系统、配套服务设施系统提出了分项设计要求，还提出了植物配置要求。

2021年发布的上海市工程建设规范《绿道建设技术标准》DG/TJ 08—2336—2020延续了导则的绿道定义，分为市级、区级、社区级三个级别，外环内的中心城绿道为独立系统，各级绿道应有效衔接，实现网络化布局。绿道建设应充分利用现有资源，依托生态廊道、河流水系、林荫道、公园绿地等本底资源，保护物种迁徙通道，减少对原有动植物资源和景观的破坏。标准提出了绿道设计的安全性、服务性、管理性控制指标，并对绿廊、绿道游径系统、标识系统、配套服务设施提出了设计要求，还补充了绿道施工、工程验收及管理的相关要求。

3.《上海市河道规划设计导则》

2020年发布的《上海市河道规划设计导则》，从上海城市发展和实际需求出发，结合地域特点，针对河道及沿线陆域的规划、设计、建设和管理进行了积极探索。该导则是我国首部河道规划设计导则，在其指引下目前上海已实现167条段河道滨水公共空间的贯通，总长超过800km。

导则明确了"生态之河、安全之河、都市之河、人文之河、创新之河"五大目标理念，提出了锚固基底、生态保育、水质提升、海绵城市、完善网络、通航安全、河道断面、护岸设计、开放可达、复合多元、品质魅力、延续风貌、丰富设施、精彩活动、机制创新、管理创新、技术创新共17项规划导引及85条设计策略。

导则秉承上海市中小河道"生态为先、安全为重、人民为本、文化为魂"的规划建设基本思路，强调"水陆统筹、水岸联动、水绿交融、水田交错"，着力推进规划理念由"主要重视安全保障"向"全面构建复合功能"转变，总体内涵由"单一生产"向"生活、生态、生产"综合功能转变，统筹范围由"水域本体"向"水陆统筹"转变，设计思路由"水利工程设计"向"整体空间设计"转变，全面提升上海市河道及陆域规划建设品质。

4.《关于机关、企事业等单位附属空间对社会开放工作的指导意见》

2022 年发布的《关于机关、企事业等单位附属空间对社会开放工作的指导意见》坚持"创新、协调、绿色、开放、共享"的新发展理念，建设生态宜居的公园城市，打造更多城市公共生态空间，全面提升城市软实力。意见明确了"能开尽开、分类指导、安全有序、分批推进"的原则，立足当前、着眼长远，促进更多有条件的单位附属空间对外开放，为民所享。附属空间开放应满足可进入、可游憩的开放标准，鼓励提高观赏性。一是空间可达，原则上应临街或有连通路径，形状规整、地势平缓，公众可自由进入。二是活动可容，有明显的开放标识，具有满足游憩、健身、交流等的日常休闲活动场地和座椅、照明设施、垃圾收集容器、无障碍等公共服务设施。三是景观可赏，具有一定规模和观赏性的绿化或小品景观，有条件改建成口袋公园的，应按照建设标准进行改建。至"十四五"期末，推进 100 个以上的机关、企事业等单位附属空间对社会开放工作，开放空间约 100 万 m²，改造成 35 个以上口袋公园，实现单位附属空间开放对公共广场和公共绿地系统建设的有益补充，也将有助于社区绿道及慢行系统的进一步完善。

2.3.3　优秀案例

上海绿道建设基于高密度的建成环境，注重城市土地空间的优化利用与城市环境的综合提升。"一江一河"（黄浦江与苏州河）绿道是滨水绿道的代表，着力贯通公共空间，打造"城市公共客厅"。外环绿道建设基于环城绿带，逐步升级为环城生态公园带。结合城市道路改造建设路侧绿道，打造美丽街区。社区绿道建设与城市更新有机结合，密切联系群众生活，提升社区宜居环境，丰富休闲游憩空间。在公园城市建设过程中，绿道建设还有效促进了公园边界活化与开放共享。

2.3.3.1 一江一河"城市公共客厅"

1. 黄浦江绿道

黄浦江是上海的地标河流，两岸荟萃城市景观精华，同时也是近代工业发展的集中地带。2002 年上海市启动黄浦江两岸综合开发，逐步将生产岸线向公共综合功能岸线转化。2014 年启动黄浦江两岸地区公共空间建设，2016 年底完成《黄浦江两岸公共空间贯通开放规划》，聚焦杨浦大桥至徐浦大桥的黄浦江核心段落，提出"更开放、更人文、更美丽、更绿色、更活力、更舒适"六个方面的发展理念，构建"空间贯通、文化风貌、景点观赏、绿化生态、公共活动、服务设施"六个系统。梳理不同类型的现状断点，以"针灸式"设计实现贯通；最大限度挖掘滨江空间资源，提供多层次的开放空间；强化慢行链接，注入功能与活力，构筑了"亲水漫步道、运动跑步道、休闲骑行道"三道贯穿的游憩路径；充分挖掘并全面保护滨江的历史文化遗产，彰显文化底蕴，注重传承与融合，规划了 10 条经典文化探访路线。2017 年底全长 45km 的滨江公共空间全线贯通，上海市级一号绿道也沿着黄浦江两岸连通，实现了"望得见江景，触得到绿色，品得到历史，享得到文化"，重振了滨水岸线活力，发挥了巨大的综合效益。黄浦江两岸公共空间持续向南北两端延伸，城市滨水"公共客厅"不断生长。

黄浦江绿道途经上海市辖杨浦、虹口、黄浦、徐汇、浦东、宝山等区，立足各自的现状条件，着力展现各区特色。各区段绿道与滨江公共空间、公共建筑有机衔接，激发滨水岸线活力。杨浦滨江段由"工业锈带"变身"生活秀带"，使世界最大滨江工业带重焕光彩，让游人感受历史与现代的共生（图 2-71）。虹口滨江段拥有欣赏浦江两岸风景的最佳视角，突出智慧设施应用。黄埔滨江段串联外滩、十六铺、世博浦西园区，沿线增设植物主题花园及体育运动场地与场馆（图 2-72）。徐汇滨江段结合工业遗存改造多个文化艺术展馆，如由运煤码头改造的龙美术馆，由废弃储油罐

图 2-71　杨浦滨江

图 2-72　黄埔滨江　　　　　　　　　图 2-73　徐汇滨江

资料来源：上海市绿化和市容管理局

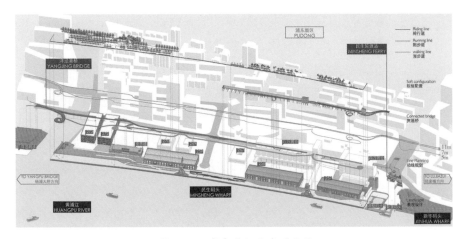

图 2-74　浦东滨江民生码头段

改造的油罐艺术中心等，打造独具魅力的"西岸文化走廊"（图 2-73）。浦东滨江段将民生码头 8 万吨筒仓（亚洲最大散装粮仓）改造为 2017 上海城市空间艺术季的主展场（图 2-74），15 座"云桥"串联陆家嘴、世博园、前滩公园、后滩公园等，兼容文化创意、艺术生活、商务博览、生态休闲等多元功能。宝山滨江将单纯以防汛防洪功能为主的灰色市政基础设施，以景观的方式进行了柔化更新，以低冲击的方式塑造出自然野趣、休闲亲和的滨水岸线风貌；防汛大堤的一、二级平台融入滨江开放空间，增强区域的生态性和公众吸引力（图 2-75）。

黄浦江绿道包含漫步道、跑步道、骑行道"三道"系统，重新定义了滨江公共空间，吸引了各种年龄段的使用者。立足不同段落的现状条件，巧妙协调防汛墙、码头、亲水平台、滨江建筑等，将"三道"灵活布局于不同高程，全程采用无障碍设计，与滨江绿地、广场等融合，空间变化丰富；通过高架桥将断点连接起来，实现了连续的动线；并延伸联系周边商务区与居住社区，接驳公交站点、地铁站及轮渡口，形成了便捷的慢行网络。2017 年发布的《黄浦江两岸地区公共空间建设设计导则》对三道的宽度、坡度、流线组织、交通衔接等提出了基

图 2-75　宝山滨江

本要求，对跑步道与骑行道的铺装色彩、地面标线与 Logo、导视标识等做了统一要求，对绿化、公共设施、活动场地的功能及布局也做了整体统筹。2023 年《黄浦江两岸滨江公共空间建设标准》被批准为上海市工程建设规范，将进一步规范黄浦江两岸滨江公共空间建设。

　　配合黄浦江两岸公共空间贯通，岸线景观照明进行了全面提升。在原来夜景集中于外滩、小陆家嘴和北外滩核心区域基础上，延长了浦江夜游的线路，既为市民提供优良的夜间休闲路线，也为城市增添绚丽的夜景风光带。结合城市设计、旅游发展和运营，注重提升市民游客的观赏价值和参与感。充分依托堤岸、桥梁、建筑、工业遗存等资源进行特色化照明，展现夜间艺术氛围。例如杨浦滨江结合塔式起重机等工业遗存设置投影灯，黄浦滨江重新点亮 56 盏世博"火焰灯"，徐汇滨江突出沿线建构筑物和景观桥梁照明。

　　黄浦江绿道以便民惠民为原则，兼顾游憩与生活的不同需求，构建游憩服务与社区便民服务并重的设施体系，注重人性化、智慧化设计。黄浦江两岸设置了形式多样的驿站，不仅是休息 + 补给点，也是服务 + 活动点，更是靓丽的滨江景点。西岸驿站既有改造利用的旧建筑，也有新建的小型建筑，还有专门的跑步驿站。东岸设置了 22 座风格统一的"望江驿"（图 2-76），在提供基本服务的基础上，采用"赛马制"运营，融入党建、文化、科技、时尚、亲子、健康等不同主题，定期推出丰富多彩的公益性活动，已成为重要的市民文化活动节点。如"遇见"全媒体网络直播间、"悦读"空间、"身临"VR 体验空间、"发现"进博会网红产品体验点、"初心"红色主题空间、"和美"家庭活动空间、"观健""驿动"运动健康主题空间等。

图 2-76　黄浦江东岸望江驿

　　黄浦江两岸公共空间贯通与城市更新紧密结合，在规划、建设、运营等各环节推动多元主体的深度参与，是政府、市场、公众三方合作治理的成功范例。由政府主导，从法定规划层面确保滨江贯通的可操作性和整体协调性，并对建设与运营全程进行监管。引入市场运作，与政府共同承担资金投入，实现利益共享，吸引土地开发、文化创意、旅游服务等企业参与。通过公示、线上线下调研反馈等多种形式征集社会公众需求与意见，积极众筹民智。

　　2017 年黄浦江两岸公共空间核心段落贯通后，上海市持续推进城市滨水公共空间的提质升级与延伸拓展，以水为脉带动沿岸地区更新。2020 年的《黄浦江沿岸地区建设规划（2018—2035 年）》将黄浦江沿岸地区定位为国际大都市发展能级的集中展示区，提出三大规划愿景：一是国际大都市核心功能的空间载体，二是人文内涵丰富的城市公共客厅，三是具有宏观尺度价值的生态廊道。其划分 5 个功能区段，布局相应的沿岸产业功能节点（图 2-77）。进一步提升滨江公共空间，由核心段向两端拓展，并由沿路与沿水通道向腹地延伸，形成一体化的网络体系（图 2-78）。完善滨江地区绿地规划布局，形成互连互通的蓝绿生态网络（图 2-79）。

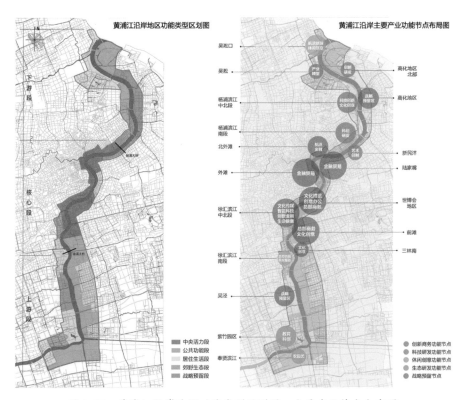

图 2-77 黄浦江沿岸地区功能类型区划图、主要产业节点分布图

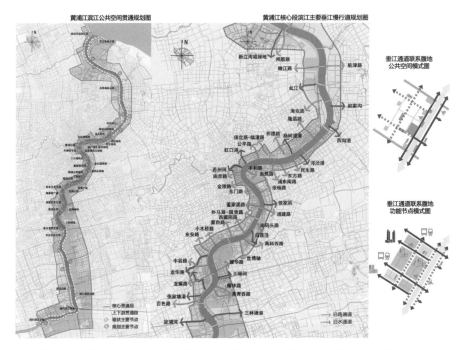

图 2-78 黄浦江滨江公共空间贯通规划图、核心段滨江主要慢行通道规划图

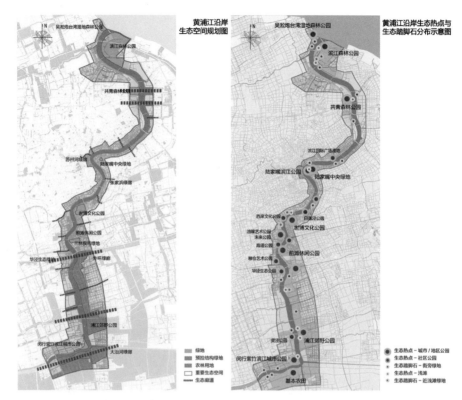

图 2-79　黄浦江沿岸生态空间规划图、生态热点与生态踏脚石分布示意图

　　黄浦江绿道为上海公园城市建设奠定了良好的基础，2021 年杨浦滨江在绿道建设的基础上，创建上海市公园城市先行示范区，范围包括杨浦滨江 15.5km 岸线，约 15.6km² 区域。编制《杨浦滨江"十四五"规划》《杨浦滨江绿化专项规划》《杨浦滨江创建公园城市先行示范区实施方案》《杨浦绿地（湿地）保护专项规划》等，引导加强绿化建设，优化生态空间布局，完善区域交通配套，布局高品质公共服务设施，通过市区联动，实现从"工业锈带"到"生活秀带"再到"生态绣带"的二次蝶变。杨浦滨江公园城市先行示范区创建与杨浦滨江人民城市建设示范区、国家文物保护利用示范区、上海市都市旅游治理现代化最佳实践区、儿童友好公共空间示范区等紧密结合，集聚相关条线部门、属地街道的力量，齐抓共管、多措并举，高效推进。继续以滨江绿道建设为主线，以生态科普为脉络，以工业遗存为特质，以公园街区为场景，以"+公园"引导空间品质全面提升，以"公园+"推动全面功能融合，因地制宜提供安全、舒适的高品质公园环境及服务设施，打造全年龄友好包容空间，提升滨江空间的服务效能和使用

体验。以数字为底层基础，提升城市管理和公共服务能力，形成全程统一、动态真实的城市信息治理体系，构建智慧型的公园城市。大力发展后街经济和夜间经济，全面提升杨浦滨江商业能级和形象，打造杨浦商业新核心；持续举办滨江人人市集、文化集市等系列活动，拓展建设体验式园艺交易市场，逐步培育滨江特色生态产业。

2. 苏州河绿道

苏州河是黄浦江支流吴淞江上海段的俗称，因溯流而上可达苏州而得名。苏州河由青浦区入境，至外白渡桥东侧汇入黄浦江，是横贯上海中心城区的骨干河道。苏州河见证了上海工业的发展进程，也成为中国最早被污染的河流之一。1996 年上海启动苏州河环境综合整治，经过 20 余年的努力，水质和两岸环境得到全面改善。

苏州河滨水公共空间贯通是继黄浦江滨水公共空间贯通之后上海又一重要的城市更新项目，《苏州河沿岸地区建设规划（2018—2035 年）》将苏州河沿岸定位为特大城市宜居生活的典型示范区，提出三大愿景：一是多元功能复合的活力城区，二是尺度宜人有温度的人文城区，三是生态效益最大化的绿色城区。苏州河沿岸地区以公共活动功能为核心，促进城市商务、宜居、文化、生态、旅游等功能相互融合，划分 3 个区段，塑造差异化的城市肌理（图 2-80）。公共空间以苏州河为主轴线，贯通滨水绿道，加

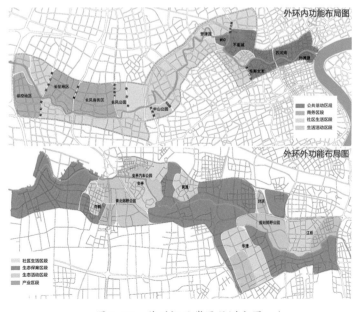

图 2-80　苏州河沿岸区段划分图

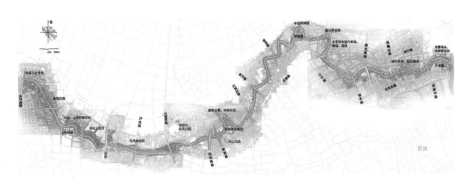

图 2-81　苏州河中心城段贯通方案设计

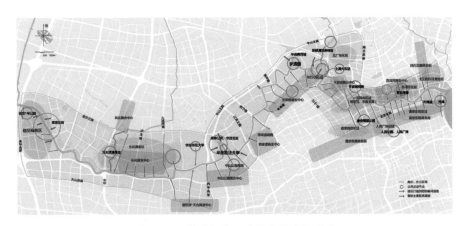

图 2-82　苏州河中心城段主要垂河通道

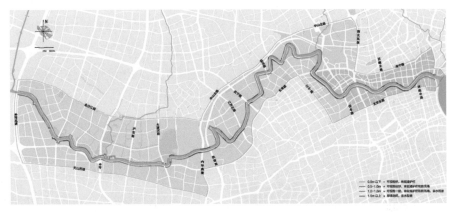

图 2-83　苏州河中心城段防汛墙与地坪高差分级

强两岸空间慢行缝合并向腹地渗透（图 2-81、图 2-82）。采用整体或局部抬高岸线、优化防汛墙断面等手法，提高亲水性及整体品质（图 2-83）。滨水绿带、纵向支流绿带和沿岸生态节点共同构成蓝绿生态网络（图 2-84）。

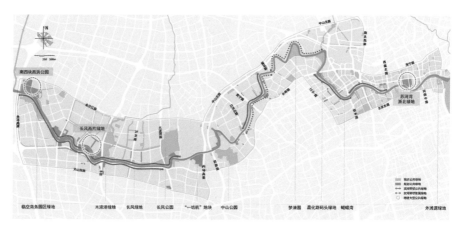

图 2-84　苏州河中心城段生态空间格局图

　　苏州河绿道中心城区段全长 42km，途经虹口、黄浦、静安、普陀、长宁五个城区，于 2020 年底实现基本贯通。虹口段传承展示海派人文内涵，呈现"最美河畔会客厅"，剥离临河道路车行功能，打造共享街道（图 2-85），结合上海邮政博物馆设置信使花园等节点。黄浦段采用"上海辰光、风情长卷"的设计理念，结合滨水历史建筑改造利用，打造"有内容、有记忆、有活力"的海派风情博览带（图 2-86）。静安段溯源周边建筑历史文脉，塑造新老时空对话场景，例如总商会节点打造摩登花街，四行仓库节点设置刻有已经消逝"路名"的景观墙（图 2-87）。普陀段协调滨河小区、央企、院校等权属单位，拆除违建，打通围墙，辟通道路，最大程度还河于民、还景于民、还绿于民，使"苏河十八湾"首次贯通（图 2-88）。长宁段串联 10 个沿河公园，利用滨水护栏、堤岸步道、滨水绿地，打造贯通开放的"城市项链"、静雅宜人的游憩水岸。

图 2-85　苏州河绿道虹口段

图 2-86　苏州河绿道黄浦段

图 2-87　苏州河绿道静安段总商会摩登花街　　图 2-88　苏州河绿道普陀段"苏河十八湾"

资料来源：上海市绿化和市容管理局

苏州河绿道在贯通的基础上，持续进行沿线开放绿地与公共空间、夜景照明等的优化提升。以"苏河夜色、魅力申城"为主题，结合临河步道、堤岸栏杆、跨河桥梁、两岸建筑等，打破行政区划进行整体统筹。苏州河夜景照明既体现不同段落的历史与文化等特色，又相互协调，自外白渡桥开始由东向西依次为历史文化风貌区、城市生活风貌区和持续发展区。基于人的感受度，从滨水步道、游船和鸟瞰三个视角打造优美宜人的景观。

2020 年上海开展桥下空间专项整治行动，建立"市级指导、属地实施"的工作机制，苏州河绿道建设也与沿线高架桥下空间改造利用有机结合。例如长宁区中环高架苏州河桥下公共空间引入专业的建设运营商，植入"街区文化、休憩体育"复合功能，采用色彩鲜艳的动物主题，打造系列室内外游憩运动场所。

2.3.3.2　从外环林带到环城生态公园带

上海外环林带始建于 1995 年，全长 98km，建成总面积近 4000hm²。已建成的林带虽然像"绿色项链"般环绕城市，发挥生态防护、隔声降噪、减排治霾、涵养水源等功能，但大部分是景观单一的密林，无法为民所用。2016 年根据《上海外环林带绿道建设实施规划》，上海启动总长 112km 的外环绿道建设，将"看得见走不进防护林带"变为"走得进的休闲带"。通过与市政、水务、交通等多个部门的协调配合，采用多种方式保证绿道游径贯通。当绿道与道路交叉时，通过地下通道、架设天桥等方式贯通；当绿道与河道交叉时，通过架桥、涵洞、隧道等形式穿越。除建设供市民休闲健身的步行道及骑行道外，还设置专供动物通行的"爬行道"，保持生

图 2-89　外环绿道长宁段

图 2-90　外环绿道宝山段
资料来源：上海市绿化和市容管理局

态系统的贯通，维护动物繁衍、栖息、迁徙的温馨家园。由于原有林带主要是防护林，树种单一，为体现绿道"春夏秋冬皆有景"的特色，进行了植物调整，突出春花、秋叶、芳香植物等的应用，形成具有特色的段落（图 2-89、图 2-90）。

2021 年上海市发布《关于加快推进环城生态公园带规划建设的实施意见》，并制定《环城生态公园带环上功能提升总体规划与设计导则》，将环城生态公园带作为上海公园城市建设的重要抓手之一。环城生态公园带规划总面积约 287km^2，形成"一大环 + 五小环"的布局结构。"一大环"以外环绿带为骨架（"环上"），向内连接 10 片楔形绿地（"环内"），向外连接 17 条生态间隔带（"环外"）；"五小环"为 5 个环新城森林生态公园带（图 2-91）。外环绿带功能提升与环上公园改造和丰富、环内外绿地优化、外环绿道建设、慢行系统贯通、沿线地块功能整合等紧密相连，实现体绿一体、文绿相融，全面提高生态景观和服务能级。"十四五"期间将优化提

图 2-91 环城生态公园带布局图

升外环绿带"环上"已建成的 14 个公园,新增城市公园 35 个以上,并增加游憩、餐饮、公共服务等必要的配套设施;加快推进外环绿道断点贯通工作,建成外环主干绿道总长度 100km 以上、绿道驿站 30~40 个;同时提升"四化"植物群落景观 500hm² 以上,重点增加彩化、珍贵化植物品种,提高生物多样性。

2023 年发布的《外环绿带及沿线地区慢行空间贯通专项规划》,通过外环绿带形成环绕上海中心城的"绿藤",串联周边八大片区,实现从单侧 500m 到两侧各 5km 的空间拓展与功能融合。围绕"中国道路,上海绿环"总体定位,建设超大城市人民共享的开放空间体系、全球城市旗舰型国际顶级运动赛事胜地、国际大都市历史与现代交相辉映人文画卷、高密度人居环境下主城区生物多样性地标地带。通过慢行系统促进生态、生产、生活融合,通过建设连续贯通的绿色生态廊道,提升主城区产业经济发展引擎,促进地区更新迭代,提升城市宜居环境水平,引领市民一系列健康生活方式,打造活力、生命、运动、文化之环(图 2-92)。以外环绿带为主线,构建生态连通、活力多元的多层次慢行网络。一是外环线两侧约 500m 范围以外环绿道主脉和支脉构成"大环",绿道主脉实现全分离独立路权,全线无

图 2-92 目标愿景图

障碍贯通，避开重要的生物栖息地，依托重要的滨水生态廊道以及大型公园绿带等，串联大型公园绿地、主要人文节点、大型公共设施；绿道支脉是对主脉的补充，丰富微循环。二是外环线内外各约1~2km范围建设"功能提升环"，促进环内外慢行系统连通与功能融合，成为市民休闲健康的"跑步半小时环"，并带动沿线地区整体提升。三是外环线内外各约5km范围建设"区域联动环"，以慢行系统形成城市更新转型的驱动力，联系重点发展地区和有价值的空间资源，优化城市空间结构，促进联动发展（图2-93、图2-94）。

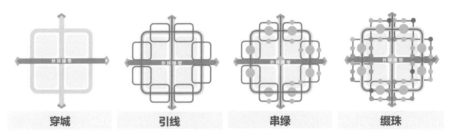

图 2-93　慢行空间选线方法示意图

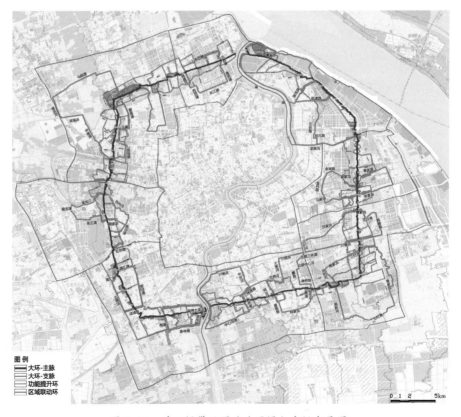

图 2-94　外环绿带及周边地区慢行空间布局图

2.3.3.3 从路侧绿道到"公园型"美丽街区

上海自 2018 年起推动实施"美丽街区"建设工作，截至 2022 年，上海"美丽街区"总数累计达 489 个，总面积 360.2km²，覆盖率达 29.1%。建设过程中上海将市民的获得感作为衡量"美丽街区"建设成效的标准，通过满意度调查，精准把脉市民群众的诉求，以主要休闲服务功能区域、主要道路两侧区域、风貌保护和市民集中居住区域等主干街区为重点，突出道路设施、城市家具、沿街绿化、建筑立面、招牌广告、景观灯光等内容，落实全要素规划建设，推动全市市容环境品质进一步提升，努力使道路环境更加整洁、街容街貌更加美观、空间视觉更加靓丽。根据《上海市公园城市规划建设导则》，未来上海将开展"公园型"示范园区创建；将公园城市建设有关要求和关键指标纳入美丽街区创建标准，提升创建"公园型"美丽街区。

广粤路"美丽街区"是上海虹口"美丽街区"建设的代表性项目。该项目以广粤路为核心，将其改造为特色景观林荫大道，并联系周边道路形成四纵五横的特色街区网络，依托广粤路东侧的现有绿化带，设计一条贯通南北的绿道，打造连续、有节奏感的休闲运动体验路径。该项目分为两个阶段实施：第一阶段为广粤路改造及绿道建设，第二阶段为周边七条城市支路的改造。

该项目从广粤路道路断面调整入手，空间上对红线内现有板块进行重构，增加人行与公交专用道的宽度，整合碎片割裂的绿化隔离带。同时对道路沿线绿化进行全面提升，保留原有骨干树种，丰富植物景观层次，应用新优植物品种。采用了多种技术手段保证植物健康生长，如新型乔木模块种植法，保证苗木根系生长空间，提高成活率并减少土方回填量；进行土壤改良，提高土壤疏松度并增加肥力；施用叶面肥，确保叶片绿量，促进植物光合作用。

广粤路绿道于 2020 年建成，依托道路东侧的原有林带进行改造，全长 2.8km，加强绿路侧带与街道空间的联系（图 2-95）。绿道游径布局尽量避让现状大树，无法避开处局部设置架空步道，一方面给树根留下排水空间，另一方面留出生物通道。广粤路绿道沿线建设 10 个主题街心花园，营造标志性路口形象，并丰富林下休憩空间。部分街心花园突出文化内涵，如寓意虹口水系的舟园；部分突出运动健身，如适于全龄活动的广粤运动公园，适于儿童活动的彤趣园；部分突出特色观赏性植物，如蓝紫色花卉主题的蓝梦园、萱草主题的金萱园、观赏草主题的逸趣园、杜鹃花主题的织锦园、

图 2-95　广粤路绿道

资料来源：上海市绿化和市容管理局

茶花主题的茶花园等。绿道建设不仅打开绿地"还绿"，还让市民更好地"享绿"，注重人性化细节设计，如在绿道沿线学校门口设置供家长等候的宽座椅，设置植物科普铭牌、互动装置等。

2.3.3.4　从社区绿道到社区线性公园

上海绿道建设之初就呈现出市级、区级、社区级绿道齐头并进的趋势，联系百姓民生的社区绿道一直是建设的重点，并建成了不少优秀案例。闵行区的古美城市绿道依托道路与河道建设，打造环社区线性公园；普陀区曹杨百禧公园依托弃置的铁路用地和农贸市场建设，打造立体化的社区休闲景观长廊。

闵行区古美街道是建成达 20 年的成熟居住社区，辖区总面积 6.5km²，2017 年启动城市更新，规划古美城市绿道，打造社区生态健康交往环。古美城市绿道是上海市首条环社区核心区域绿道，全长约 5km，改造绿化面积约 2.3hm²，依托合川路、平南路、莲花路、顾戴路四条城市道路绿带建设，与新泾港、漕河泾港形成水绿相接的宜居场景。四条绿道各有特色：合川路绿道以蓝色健身步道贯穿，平南路绿道为亲水绿道，莲花路、顾戴路绿道则营造植物景观。古美城市绿道串联社区配套服务设施，整合零散运动休闲空间，成为居民休闲和社区活动的优良场所（图 2-96）。古美城市绿道于 2019 年建成，并持续进行微更新品质提升。目前闵行区还建成紫竹、江川环社区绿道，依托原有城市道路或滨水绿地进行改造，完善绿道慢行系统、沿线绿化、休闲场地与公共服务设施、市政基础设施等，形成充满活力的环社区"线性公园"。

图 2-96　古美城市绿道
资料来源：上海市绿化和市容管理局

　　普陀区曹杨新村始建于 1951 年，是中华人民共和国成立后第一个工人新村，也是承载历史的大型成熟社区，代表了一个时代的集体记忆。曹杨百禧公园前身是弃置的曹杨铁路农贸综合市场，2021 年重新规划建设社区休闲景观长廊，最大限度地利用城市剩余边角料空间，将"疤痕"变为城市生活与生态空间的纽带。设计意图梳理挖掘区域现存文脉与历史印记，重塑区域绿网链接关系，并以"长藤结瓜"形成贯穿片区南北的步行体系新纽带。公园分为南北两翼，聚合 10 组场景，以满足附近住宅区、学校、商业办公等不同使用人群的日常休闲生活需求（图 2-97）。该项目还作

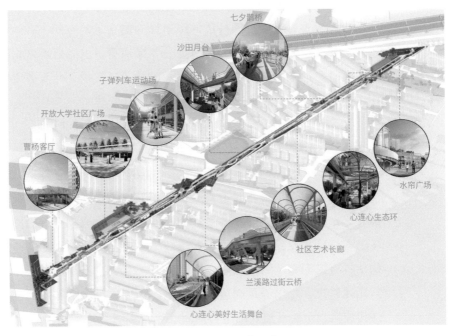

图 2-97　百禧十景

图 2-98　曹杨百禧公园鸟瞰　　　　图 2-99　曹杨百禧公园"3K"展廊

为 2021 上海城市空间艺术季曹杨样本社区主展场，通过"3K"展廊的概念将艺术融入曹杨社区生活，并尽可能地留存居民对于原有货运铁路支线与曹杨铁路市场的集体记忆。长廊共分为三层：负一层为半地下的 K1 艺术展廊；地面层为 K2 休闲活动廊，包含篮球场、休闲驿站等活动场所；架空层为 K3 云上廊，设置错落有致的高线步道。狭窄的空间通过立体化的设计手段，实现了生态、社会、文化、经济综合效益的提升（图 2-98、图 2-99）。

2.3.3.5　从公园边界活化到公园开放共享

上海建设环公园绿道，打破了原有城市道路、防护绿带和城市公园之间的界线，整合营造公园外围的绿道休闲健身运动空间，有效活化了公园边界，如环世纪公园绿道、环黄兴公园绿道等。上海近年来积极推进公园开放共享，加强绿道与邻近公园之间的连通，实现公共服务设施的高效利用，如彭越浦绿道、曹杨环浜绿道等。

浦东区世纪公园是上海中心城区面积最大的"中央公园"，也是城市地标之一。2018 年整合公园外围总长 5km，面积达 15hm^2 的人行道、道路绿化带及公园部分绿地，在广泛征求市民及跑友意见的基础上，规划建设环世纪公园绿道。项目将绿道贯通、沿线绿化景观提升、跑步服务设施配置结合起来，打造环世纪公园"金丝缎带"闭环。"金丝"环指跑步道、慢行步道双线穿梭交织的道路系统；"缎带"环将新增慢行步道引向公园内部，构建具有纵深宽度的生态活力区域（图 2-100）。杨浦区黄兴公园原本采取封闭式管理，难以满足周边居民晨跑夜跑、散步休闲等需求，黄兴公园绿道建成后，全时开放式绿道与封闭式公园实现了功能与空间上的联动互补，成为城市建成区大型公园更新的有益探索。黄兴公园绿道与街道界面连接，

图 2-100　环世纪公园绿道　　　　图 2-101　彭越浦绿道

资料来源：上海市绿化和市容管理局

通过主要出入口与公园连接，较好地提升了公园与周边界面的连通性。

　　彭越浦是静安区的一条重要河道，沿河绿道长约 0.86km，由静安区水务部门建设，考虑周边人群需求，设置了亲水平台、景观小品、城市家具、夜景照明等。2023 年静安区绿化部门建设静安青年体育公园时，考虑到该公园紧邻已建成的彭越浦西侧绿道，将公园内的步道与滨河绿道连通，使得绿道总长度增加 0.79km，并形成串联公园内绿地、景观水系和足球场的环道。公园内设置的管理房、卫生间等也为滨河绿道做了功能补充，为周边人群健身、遛娃遛宠提供了服务便利（图 2-101）。曹杨环浜原为封闭河道，通过破墙透绿、梳理林下空间、活化水岸等手法，贯通滨水空间，强化开放共享。增加"碧波园"等承载对弈、闲谈、健身等功能的林荫微空间，满足老龄化社区对日常公共活动"分类定点"的特殊需求，打造百姓家门口的花园式休闲场地，并为相邻小区专门设置出入口，增加照明和无障碍设施，使绿化生态底色和人文活力由滨河向社区、街道全面渗透。

2.4　小结

　　本节在前文对成都、深圳、上海三个城市进行深入案例研究的基础上，按照时间顺序对三个案例城市的绿道与公园城市发展综合情况进行了梳理总结（表 2-1~ 表 2-3），并将三个案例城市与其他城市的绿道及公园城市发展建设情况进行了横向比较（表 2-4），归纳出以下共性特征：

成都市绿道与公园城市发展情况 表 2-1

发布时间	规划、建设方案	政策、标准	论坛活动	研究成果
2010 年	• 《成都市健康绿道系统规划》	《成都市健康绿道规划建设导则》		
2017 年	• 《成都市天府绿道规划建设方案》 • 《成都市生态守护控制规划》 • 《成都市低碳城市试点实施方案》			
2018 年	• 《成都市城市总体规划（2016—2035 年）》	《成都市天府绿道工程建设质量管理十条措施》		
2019 年	• 《成都美丽宜居公园城市规划》		• 首届公园城市论坛	• 《公园城市成都共识2019》 • 《公园城市：城市建设新模式的理论探索》
2020 年		《成都市美丽宜居公园城市规划建设导则（试行）》 《成都市公园城市街道一体化设计导则》 《成都市公园社区规划导则》	• 第二届公园城市论坛	• 《公园城市指数（框架体系）》 • 《公园城市：成都实践》 • 《公园城市发展报告（2020）》
2021 年	• 《成都市国民经济和社会发展第十四个五年规划和二〇三五年远景目标纲要》 • 《成都市国土空间总体规划（2020—2035 年）》（草案） • 《天府蓝网概念规划》	《成都市美丽宜居公园城市建设条例》 《成都市天府绿道保护条例》（草案） 《成都市公园城市有机更新导则》 《成都市公园城市消费场景建设导则（试行）》 《成都市公园城市社区生活圈公服设施规划导则》		• 《公园城市指数研究报告 2021》 • 《公园城市发展报告（2021）》
2022 年	• 《成都建设践行新发展理念的公园城市示范区总体方案》 • 《成都市"十四五"公园城市建设发展规划》	《成都市未来公园社区建设导则》 《成都市市域绿道市容和环境卫生管理导则》		

续表

发布时间	规划、建设方案	政策、标准	论坛活动	研究成果
2023 年	•《天府蓝网总体建设规划》（征求意见稿）	•《成都市公园城市河道一体化规划设计导则》 •《公园城市"金角银边"场景营造指南》DB 5101/T 158—2023 •《公园城市公园场景营造和业态融合指南》DB 5101/T 159—2023 •《公园城市乡村绿化景观营建指南》DB 5101/T 161—2023 •《公园城市绿地应急避难功能设计规范》DB 5101/T 160—2023 •《公园社区人居环境营建指南》DB 5101/T 162—2023 •《城市公园分类分级管理规范》 •《成都市公园（绿道）阳光帐篷区管理指引（试行）》 •《成都市环城生态区绿道骑行管理办法（暂行）》（征求意见稿）	•第三届公园城市论坛 •第六届国际城市可持续发展高层论坛	•《公园城市指数2022》形成"1 个总目标、5 个重点领域、15 个指数、45 个指标"的综合评估体系 •《四川天府新区公园城市标准体系（2.0 版）》涉及城市建设的全领域，共计 354 项创新工作成果，包含 76 个规章制度、56 个专项规划、35 个理论研究、62 个技术指引、125 个示范场景

注：本表中的粗体字为公园城市规划建设，下划线字为绿道规划建设，斜体字为绿道管理维护相关内容。

深圳市绿道与公园城市发展情况　　　　　　　　　　　　　　　　表 2-2

发布时间	规划、建设方案	政策、标准	论坛活动	研究成果
2005 年		•《深圳市基本生态控制线管理规定》		
2010 年	•《深圳市绿道网专项规划（2010—2020 年）》			
2012 年	•《深圳市公园建设发展专项规划（2012—2020）》	•《深圳市绿道管理办法》		
2014 年	•《深圳市绿地系统规划修编（2014—2030 年）》	•《深圳市绿道网管养维护检查考评指引》		
2015 年		•《绿道管理维护技术规范》SZDB/Z 144—2015		
2017 年	•《著名花城三年行动计划》	•《深圳市人民政府关于进一步规范基本生态控制线管理的实施意见》 •《深圳市绿道管养维护经费测算指引（试行版）》		

续表

发布时间	规划、建设方案	政策、标准	论坛活动	研究成果
2019 年	• 《深圳市国土空间总体规划（2020—2035 年）》（草案）	• 《绿道建设规范》DB4403/T 19—2019 • 《深圳市儿童友好型公园建设指引（试行）》		
2020 年	• 《深圳市碧道建设总体规划（2020—2035 年）》	《深圳市步行和自行车交通系统规划设计导则》（2020 年版）		
2021 年	• 《深圳"山海连城计划"概念城市设计》 • **《深圳市公园建设发展专项规划（2021—2035）》（草案）**	• 《深圳市碧道设计导则（试行）》 • 《深圳市"零碳公园"建设导则》 • 《深圳市绿道边坡维护指引(试行)》	• **2021 粤港澳大湾区深圳花展公园城市论坛——公园城市·让城市生活更美好**	
2022 年	• 《深圳市绿道网（多层次户外休闲步道）专项规划（2021—2035 年）》（草案） • **《深圳市公园城市建设总体规划暨三年行动计划（2022—2024 年）》（草案）**	• 《远足径建设规范》DB4403/T 291—2022	• **公园城市规划公众论坛**	
2023 年	• 《深圳市远足径专项规划（2022—2025 年）》（草案） • 《深圳市一刻钟便民生活圈试点城市建设实施方案》	《零碳公园建设及运营规范》DB4403/T 420—2023	• **深圳(国际)城市环境与景观产业展览会——城市公园发展论坛**	《深圳市城市公园绿地"开放共享场景"大数据调查报告》

注：本表中的粗体字为公园城市规划建设，下划线字为绿道规划建设，斜体字为绿道管理维护相关内容。

上海市绿道与公园城市发展情况　　　　　　　　　　　　　　　　　　　表 2-3

发布时间	规划、建设方案	政策、标准	论坛活动	研究成果
2015 年	• 《上海外环林带绿道建设实施规划》			
2016 年	• 《上海市绿化市容"十三五"规划》	• 《上海市绿道建设导则（试行）》 • 《上海市街道设计导则》 • 《上海市 15 分钟社区生活圈规划导则（试行）》		

续表

发布时间	规划、建设方案	政策、标准	论坛活动	研究成果
2017 年	•《上海市城市总体规划（2017—2035 年）》	绿道被列入上海市政府实事项目（连续至今）		
2018 年		•《上海市绿道建设项目管理办法（试行）》		
2019 年		•《街道设计标准》DG/TJ 08—2293—2019		
2020 年	•《黄浦江沿岸地区建设规划（2018—2035 年）》 •《苏州河沿岸地区建设规划（2018—2035 年）》	《绿道建设技术标准》DG/TJ 08—2336—2020	•"生态·联接·共享"长三角公园城市发展主题论坛	
2021 年	•《上海市国民经济和社会发展第十四个五年规划和二〇三五年远景目标纲要》 •《上海市生态空间专项规划（2021—2035）》 •《环城生态公园带环上功能提升总体规划与设计导则》	**《关于推进上海市公园城市建设的指导意见》** 《关于加快推进环城生态公园带规划建设的实施意见》 《上海市黄浦江苏州河滨水公共空间条例》		
2022 年	•**《上海市"十四五"期间公园城市建设实施方案》**	**《上海市公园城市规划建设导则》** •《关于机关、企事业等单位附属空间对社会开放工作的指导意见》 •《上海市环城生态公园带外环绿带功能提升项目及外环绿道贯通项目专项扶持办法》		
2023 年	•《外环绿带及沿线地区慢行空间贯通专项规划》 •《上海市推进体育公园建设实施方案》	《黄浦江两岸滨江公共空间建设标准》DG/TJ 08—2373—2023		•**启动超大城市公园城市特色指标体系研究**

注：本表中的粗体字为公园城市规划建设，下划线字为绿道规划建设，斜体字为绿道管理维护相关内容。

案例城市与其他城市发展情况比较 表2-4

城市	启动时间	公园城市主要指导文件	公园城市发展思路	公园城市建设情况	绿道发展思路	绿道规划建设情况
四川成都	2018	•《成都美丽宜居公园城市规划》（2019） •《成都建设践行新发展理念的公园城市示范区总体方案》（2022） •《成都建设践行新发展理念的公园城市示范区行动计划（2021—2025年）》 •《成都市"十四五"公园城市建设发展规划》（2022）	•围绕"人、城、境、业"四大维度，形成构建公园城市的十八条规划策略，涉及城市建设全领域 •加强生态保护修复，厚植公园城市生态本底，构筑青山绿道蓝网，塑造公园城市优美形态；锚定实现"双碳"目标，推进城市绿色低碳转型；创造宜居美好生活，增进公园城市民生福祉 •提出成都市未来公园社区"5+20+44"指标体系	•2022年天府新区成为首个国家级公园城市标准化试点 •建立万园相连、布局均衡、功能完善、全龄友好的全域公园体系 •建成公园1514个人均公园绿地面积12.24m² •建成区绿化覆盖率44.61% •打造"金角银边"400余个 •全面启动首批25个未来公园社区建设	•"景观化、景区化、可进入、可参与"，重视场景营造 •将青山绿道蓝网作为塑造公园城市优美形态重要元素，推进全域增绿增景 •打造"绿道经济"品牌，实施公园（绿道）业态融合指引，打造生态消费场景 •建设幸福社区绿道，打造"上班的路""回家的路" •将绿道建设与城市更新紧密结合，提升公共空间品质并完善公共服务设施	•2010年《成都市健康绿道系统规划》规划Ⅰ、Ⅱ级绿道总长1607km •2017年《成都天府绿道规划建设方案》规划总长16930km（其中社区级绿道9630km） •2021年天府蓝网概念规划，规划总长1000km **已完成首轮规划绿道建设**，建成绿道6158km，植入文旅体及科技设施3500余个，绿道服务半径覆盖率95.88% •建成蓝网220km •2020年上线天府绿道APP，并持续升级
湖北咸宁	2018	•《咸宁市全域公园城市建设规划纲要》（2019） •《咸宁市主城区公园城市十大行动计划》（2019） •《公园城市建设指南》（2019） •《咸宁市自然生态公园城市专项规划（2021—2035）》	•建设山水相依、产城共荣，景城相融，人与自然生态共生的自然生态公园城市，为全国中小型城市自然生态公园城市建设提供样板 •自然生态优先、全域公园构建、香城绿道串联、生态产业赋能、特色景观塑造五大策略	•2019年发布全国首个公园城市建设地方标准《公园城市建设指南》 •2022年启动上升国家标准工作 •2023年成为第三个国家级公园城市标准化试点 •人均公园绿地面积15.1m²	•规划以水系为框架的"蓝色绿道骨架"和以山体为框架的"绿色绿道骨架"，建设绿色产业绿道示范线 •构建中心城区活力绿道环、城区外围山水绿道环	•2013年《咸宁市城市绿道系统专项规划》规划绿道总长847km，已建成130km •《咸宁市全域绿道系统专项规划》正在编制中

续表

城市	启动时间	公园城市主要指导文件	公园城市发展思路	公园城市建设情况	绿道发展思路	绿道规划建设情况
湖北武汉	2020	•《武汉市湿地花城建设实施方案》（2021） •《武汉市园林和林业发展"十四五"规划》（2022） •《武汉市创建国家生态园林城市工作方案（2022—2023年）》	•建设有湿地花城特色的公园城市 •加强湿地保护与修复，建设世界湿地之都；实施蓝绿交融工程，锚固全域生态框架；实施花漾江城行动，塑造靓丽城市形象；充分发挥社会力量，营造浓厚兴绿氛围；加强各项要素支撑，促进湿地花城建设	•建设口袋—社区—综合—郊野—自然五级公园体系 •提出"千园之城"建设目标 •建成公园800余个 •人均公园绿地面积14.99m² •建成区绿化覆盖率43.09%	•绿道建设结合世界级百里长江生态廊道、东西山系生态廊道、东湖生态绿心、六大绿楔郊野公园群 •突出花卉特色，规划建设穿城绿道，与城市更新结合，见缝插绿，建设慢行友好城市	•2012年《武汉市绿道系统建设规划》，规划绿道总长2200km，已基本完成首轮规划绿道建设 •《武汉市提升城市建设管理精细化水平三年行动方案（2022—2024年）》，规划穿城绿道424km，着力打通断点与织密网络
上海	2021	•《关于推进上海市公园城市建设的指导意见》（2021） •《上海市公园城市规划建设导则》（2022）	•以"公园＋""＋公园"为主要抓手，促进城市各类空间的开放、共享、提质，强化"公园"与"城市"的无界融合 •将公园城市建设相关要求纳入绿色园区、美丽街区、15min社区生活圈示范、乡村振兴示范镇（村）创建标准	•建设城市—地区—社区—口袋四级公园体系 •提出"千园之城"建设目标 •建成公园670个 •人均公园绿地面积9.28m² •建成区绿地率36.86%	•绿道网络与生态廊道网络相互交织，联系公园、森林与湿地体系 •结合城市更新贯通滨水公共空间，开放环城绿带，大力发展社区绿道 •落实规划设计、建设实施、运营管理全过程中的公众参与，实现共治共享	•《上海市生态空间专项规划（2021—2035）》规划骨干绿道2000km •已建成绿道1538km，继续推进"一江一河一带"公共空间贯通 •启动实施上海大都市圈绿道，重点实现长三角一体化示范区绿道贯通
浙江杭州	2022	•《杭州市绿地系统专项规划（2021—2035年）》 •《杭州市区加快公园城市建设三年行动计划（2022—2024年）》	•"江南韵味、国际魅力"的公园之城。 •塑造西湖风景名胜区世界园林典范，打造伴随城市格局不断蝶变的生态"绿心"，建设各类城市公园，打造"近山亲水"的自然游憩空间，构筑城市绿脉，推进运河水绿相伴，推进覆盖城乡的全域绿道网建设，增绿添彩，营造城市美景	•2017年获评"国家生态园林城市" •建设郊野—城市—社区—口袋四级公园体系 •列入名录公园434个 •人均公园绿地面积近15m² •建成区绿化覆盖率达43% •公园绿化活动场地服务半径覆盖率达到92.12%	•划分环湖、沿山、沿江、沿路、沿河、湿地、公园、乡村8种绿道类型 •打造"两圈一网络"，由绿道、蓝绿网、交通绿网、林荫道构成"串联网络"，联系"自然生态圈"与"绿意生活圈"。做好"五边"文章（山边、水边、路边、城边、身边），贯通城内外绿色廊道	•2014年《杭州市城市绿道系统规划》，总长2288km •2021年《杭州市国民经济和社会发展第十四个五年规划和二〇三五年远景目标纲要》提出到2025年市域绿道达4800km •已基本完成规划绿道建设，建成绿道4600km，绕城内绿道密度达1.5km/km² •2019年上线高德绿道地图导航，2022年上线"绿道管家"智慧平台

城市	启动时间	公园城市主要指导文件	公园城市发展思路	公园城市建设情况	绿道发展思路	绿道规划建设情况
广东深圳	2022	•《深圳市公园建设发展专项规划（2021—2035）》（草案） •《深圳市公园城市建设总体规划暨三年行动计划（2022—2024年）》（草案）	•衔接国土空间总体规划确定的生态空间格局和城市开发格局，营造山海生境，建设全域公园，打造全景城区，丰盈绿色生活 •突出山海连城特色，打造"一脊一带二十廊"的全市魅力生态骨架，形成蓝绿廊道织网的公园城市总体布局结构	•2022年龙岗新区成为第二个国家级公园城市标准化试点 •建成公园1260个 •人均公园绿地面积12.58m² •建成自然—城市—社区三级公园体系 •公园绿地500m半径覆盖率>90% •全市蓝绿空间超过陆域面积的50%	•绿道、碧道、古驿道、海滨栈道、森林防火道、郊野径、城市慢行道等"多道融合" •构建"通山、达海、贯城、串趣"的全域绿道网络体系，成为实现公园融城的有力支撑	•《深圳市绿道网专项规划（2010—2020年）》规划区域及城市绿道800km •《深圳市碧道建设总体规划（2020—2035年）》规划碧道1000km •《深圳市远足径专项规划（2022—2025年）》（草案）规划总长超1000km •《深圳市绿道网（多层次户外休闲步道）专项规划（2021—2035年）》（草案）规划总长超5000km •**已完成首轮规划绿道建设**，建成绿道3120km，碧道605km，郊野径260km •2021年上线"深i绿道"微信小程序
江苏苏州	2022	•《苏州市"公园城市"建设指导意见》（2022） •《2023年苏州市"公园城市"建设实施计划》	•城乡绿化一体化的"公园城市"厚植江南水乡生态基底，串联"四角山水"绿道网络，构建城乡一体公园体系，彰显苏州园林遗产价值，打造"公园+"苏式生活典范 •实施"生态筑城、绿道连城、公园融城、乐享园林、苏式生活"五大行动	•2015年，苏州市区首批获评"国家生态园林城市" •2019年下辖四县市全部获评"国家生态园林城市"，建成全国唯一"国家生态园林城市群" •建成公园742个 •人均公园绿地面积近14.91m² •建成区绿化覆盖率43.8%	•城区范围内融合慢行交通系统，营造都市魅力绿道、自然山水绿道和人文历史绿道；市域范围内打造区域级绿道系统，链接"四山水"和市域生态斑块	•建成绿道600km，积极建设森林步道 •依托《苏州市绿地系统规划》和《苏州市城市绿廊规划》，编织河湖密布、山水环绕的"四角山水"生态绿网
云南昆明	2022	•《昆明市城乡绿化美化三年行动方案》（2022）	•春意盎然、人景相融、城文一体的公园城市 •推行"公园+""绿道+"多元融合发展模式，打造连网成片、特征鲜明、结构完整的绿地空间格局	•提出"千园之城"建设目标 •建成公园610个 •人均公园绿地面积12.18m² •森林覆盖率52.62%	•以水生态过程的保护与修复为主线，通过滇池生态廊道与绿道建设，优化城湖关系，推进还绿于湖、还岸于民	•规划总长137km的滇池绿道部分建成 •《昆明市绿道建设专项规划》正在编制中

续表

城市	启动时间	公园城市主要指导文件	公园城市发展思路	公园城市建设情况	绿道发展思路	绿道规划建设情况
北京	2023	• 《首都花园城市建设工作的指导意见》（草案） • 《北京市无界公园建设三年行动计划（2023—2025年）》 • 《北京花园城市专项规划（2023年—2035年）》已发布公示稿征求意见	• 围绕"城中建园、园中建城、城园相融、人城和谐"，构建森林环抱的花园城市 • 建设便捷、舒适、安全的无界公园，助力公园与城市有机融合、人与自然和谐共生	• 列入名录公园1050个 • 人均公园绿地面积16.63m² • 公园绿地500m服务半径覆盖率达到89%	• 推进"水路绿"三网（城市道路慢行网、绿道网、滨水慢行网）融合	• 2014年《北京市绿道体系规划》，规划市级绿道建设长度约1240km • 建成绿道超1300km • 《北京市绿道系统专项规划（2023年—2035年）》已发布草案公示稿征求意见 • 2020年百度地图上线经典绿道线路导航
山东青岛	2023	• 《青岛市城市更新和城市建设三年攻坚行动方案》 • 《青岛市公园城市建设规划（2021—2035年）》	• 结合城市更新，打造宜居宜业宜游高品质"海湾公园城市" • 以"公园+""绿道+"为统领，绿地总量增加和现有绿地充分利用改造并举，盘活"城市山头""城市边角地""城市山海路""城市公园绿地"	• 人均公园绿地面积17.4m² • 建成区绿化覆盖率45.2%	• 以绿廊绿道网络为纽带，促进城园融合发展，提升城市活力 • 以滨海绿道建设为引领，营造绿廊绿道型公园城市场景 • 结合城市更新，多维增绿增园增景	• 已建成绿道超800km • 将绿道建设列入公园城市建设三年攻坚行动任务

注：本表中相关统计数据截止至2022年底。

第一，绿道作为公园城市建设的重要内容，多网融合、多道合一的发展趋势越来越明显，兼顾城市更新改造与拓展新建区域。虽然各地公园城市的发展思路不尽相同，但是均将绿道列为公园城市建设的重要策略或任务。另外由于实施难易程度、行政主管部门、区位环境等方面的差异，虽然案例城市的绿道与碧道（蓝网）、郊野径（远足径、森林步道）、古驿道（历史文化旅游线路）、慢行系统（自行车与步行网络）等的规划建设是分别进行的，但是在实践过程中这些线路已经相互融合。比如深圳、成都的碧道（蓝网）规划模式图中都兼容了滨水绿道。上海市将绿道专项规划纳入生态空间专项规划，深圳市最新版的绿道网专项规划拓展为多层次户外休闲步道专项规划。此外，各地还陆续出台了绿道与其他线性网络一体化建设的标准规范，比如《成都市公园城市街道一体化设计导则》引导绿道与城市慢行系统融合发展，北京市正在研编"水路绿"三网（城市道路慢行网、绿道网、滨水慢行网）融合规划设计标准。上述融合发展有助于整合不同功能，高效利用国土空间，一体化构建多系统协同发展框架，同步实现"人、城、园（大自然）"的多元化连接，促进城市绿道与公园体系综合服务效能的全面提升，在未来我国公园城市建设发展中应该得到重视。

第二，**地方政策法规与标准规范发挥了重要引导与推动作用，理论与实践探索不断深入，越来越关注工程的全过程。**从表格中可以直观地看出，在公园城市建设发展过程中，除了规划设计方案之外，三个案例城市相关地方政策法规与标准规范的数量及细化内容都迅速提升，体现出着力解决客观问题、有效指导实际工作的特征。同时对于绿色低碳转型发展、生活圈及完整居住社区建设、全龄友好、公园绿地开放共享、美好生活共同缔造、精细化管理等近年来的宏观政策导向都做出了积极响应。成都市作为公园城市先行示范区尤为突出，发布多项公园城市标准，涉及城市建设的全领域，包含街道、河道、公园社区、城市更新、"金角银边"场景营造等多个方面。成都市率先完善地方法规，出台公园城市建设条例，天府绿道保护条例（草案）正在编制中。成都市还持续组织公园相关研究及高端论坛活动，汇集国内外专家智库群策群力，取得丰硕的成果。政策、标准及研究都越来越关注工程的全生命周期，从规划设计向建设实施、管理维护阶段不断延伸。深圳市在绿道管理方面的标准相对完善，涉及综合管理、管养考评、经费及边坡专项维护；成都市注重绿道与公园的长效运营，发挥经济效益，出台消费场景建设、公园场景营造和业态融合的相关标准。上述经验值得其他城市学习借鉴。

第三，**建成绿道及公园总量可观，人均指标及服务半径覆盖率不足，城市绿道和公园系统的实际服务效能还有待提升。**根据表 2-4 中的数据，截至 2022 年底，成都、深圳、上海三个案例城市建成绿道总长 10816km，约占全国建成绿道总长的 12%（2022 年全国建成绿道总长 9 万余公里），一方面说明它们代表了我国城市绿道发展的先进典型，另一方面也说明我国城市绿道发展有较大的地域差异与不均衡性。表 2-4 中的城市建成公园数量居于国内前列，深圳、成都、北京已成为"千园之城"，上海、武汉、昆明提出"千园之城"的建设目标。但是从人均公园绿地面积来看，表 2-4 中的大部分城市均低于全国平均水平，与世界平均水平更有不小的差距

（2022 年我国人均公园绿地面积为 $15.29m^2$，2020 年世界城市人均公园绿地面积为 $18.32m^2$），说明我国城市绿道和公园系统的实际服务效能还有待提升。成都、深圳、武汉、杭州绿道发展起步较早，已基本完成首轮规划的绿道建设，近年来紧密结合公园城市建设新要求，推进绿道建设持续升级，新编制的相关规划均体现出绿道长度与密度的大幅提升。咸宁、苏州、北京、青岛的人均公园绿地面积相对较高，而绿道里程有待拓展，未来可结合城市更新完善蓝绿空间体系，推进"依道护绿、绿中融道、以道串园"。杭州、成都、武汉、北京、深圳先后上线了绿道相关地图导航、手机 APP、微信小程序或公众号等，不断完善绿道智慧服务，方便居民及游客使用，值得其他城市学习借鉴。

第 3 章

公园城市导向下的绿道探索

本章主要是对作者团队多年绿道相关实践的总结与反思。中国城市建设研究院无界景观工作室在编制《绿道规划设计导则》和《城镇绿道工程技术标准》CJJ/T 304—2019 的过程中，对绿道相关理论做了深入研究，并持续进行实践探索。从开放公园边界，逐步依托绿道连接公园与城市，沟通城市与郊野；随后尝试"多道合一"，因地制宜将绿道与河道、风道、生态廊道、文化旅游线路等有机融合，优化利用国土空间；最终推进"多网融合"，构建绿道网与水网、林网、路网等统筹叠加的多功能网络，前瞻引领绿色低碳发展，切实改善民生服务，助力产业转型升级，实现三生统筹、城园一体。

3.1 连接公园与城市

3.1.1 开放公园边界，连通城市生活

从"穿行"开始：唐山凤凰山公园

唐山凤凰山公园始建于 20 世纪 60 年代，是工业化时代的遗留物，与当下的城市生活已然疏离。中国城市建设研究院无界景观工作室于 2007 年承接了该公园改造项目，以"穿行"作为主要设计手法，打开原有封闭的公园围墙，建立起公园与城市生活的多种通道（其实正是绿道的早期雏形），实现了公园与周边城市环境的有机衔接，实质上促进了公园的开放与共享（图 3-1）。

在梳理公园原有自然和人文基因的基础上，将"穿行"路径精心设计为主题花径，丰富穿行体验的同时也提升了空间标识性，强化了场所特征（图 3-2）。改造公园门区，保留与公园内山体的透景线，加长与城市的接触面，并引入多表情的水景，增强空间活力，建成后的水漫广场及喷雾座椅受到市民的喜爱（图 3-3）。公园内部游径改造基于现状条件，尽量保

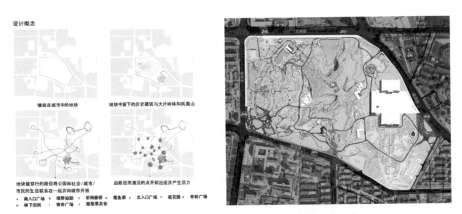

图 3-1　唐山凤凰山公园"穿行"设计理念分析图

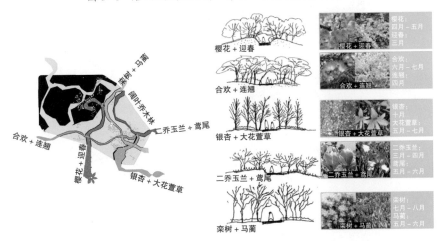

图 3-2　唐山凤凰山公园主题花径设计分析图

图 3-3　唐山凤凰山公园主入口设计理念分析图

留承载市民记忆的旧路线，丰富空间与形式的变化。依托废弃游乐小火车轨道基础，形成视觉感受变化丰富的曲线型空间，打造"绿野仙踪"景点（图3-4）。同时紧密结合现状地形，在洼地上设置风雨廊桥，为游人提供穿行于竹林之上的体验（图3-5），最大限度地改造利用已有场地及设施，并

图3-4 唐山凤凰山公园将废弃的小火车轨道改造为绿野仙踪游步道

图3-5 唐山凤凰山公园风雨廊桥

图 3-6　唐山凤凰山公园"超级票友会"
资料来源：中国城市建设研究院无界景观工作室

巧妙植入新的"DNA"，在保护市民原有生活与交流方式的同时，与当代新兴的生活方式融合共生、互动，激发出新的活力。以保留的传统凉亭作为中心舞台，在周围增设环形休闲座椅等，打造"超级票友会"景点，使之成为市民聚会活动的优良场所（图 3-6）。

3.1.2　带状公园融入城市绿道系统

3.1.2.1　公园"消解"于城市：天津解放南路地区绿道实践

解放南路地区是天津市大规模城市改造片区，由工业区转变为居住、商业功能为主的混合区域，总面积 16.7km²。中国城市建设研究院无界景观工作室配合生态、交通、市政、地下空间等专项规划进行了该地区的景观专项规划，协调衔接天津市生态、公园、绿道与风道系统，整体统筹公园、绿地、河道与街道景观，搭建一体化的绿色网络，使公园"消解"于城市，倡导健康、自然、低碳的"乐活"理念，促进该区域转型发展（图 3-7、图 3-8）。

在进行全区景观专项规划的基础上，中国城市建设研究院无界景观工作室完成了长 4.5km、宽 150m 的中央绿轴（都市绿洲）概念方案（图 3-9）。规划设计师统筹微地形与植被设计，综合雨水收集、能源利用等生态措施，改善局部小气候，提升环境舒适度。调整规划的市政道路断面，打破道路

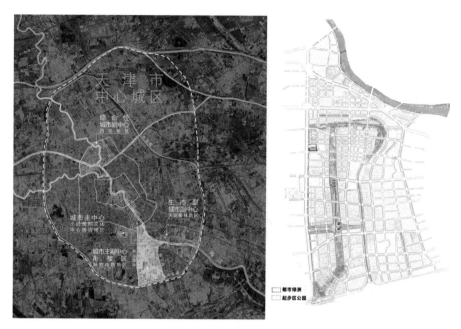

图 3-7　天津解放南路地区区位图及景观规划平面图

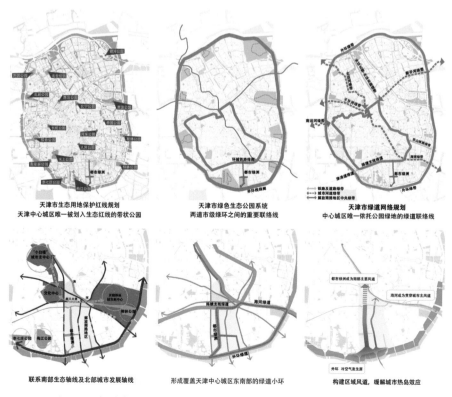

图 3-8　解放南路地区与天津市生态、公园、绿道、风道系统的关系

红线的分割，进行市政道路与公园一体化设计。加宽机动车与非机动车道之间的绿化隔离带，融合"海绵"功能，结合微地形设置道路径流收集净化区；并将人行道调至公园绿地范围之内，让绿色出行体验更为安全、舒适、

图 3-9　都市绿洲公园鸟瞰图

愉悦（图 3-10、图 3-11）。创造有安全感和归属感的城市公共空间，将市民生活与公园紧密联系，保留与活化工业遗存，体现场所特征，传承天津独特的市民文化，激发活力场景的不断变换，促进新观念与行为的自然转化、生成与传播。

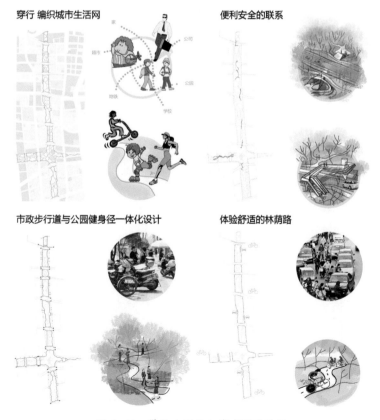

图 3-10　带状公园融入城市绿道系统

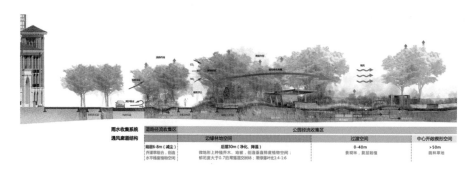

图 3-11　市政道路绿带与带状公园一体化设计
资料来源：中国城市建设研究院无界景观工作室

3.1.2.2　联系办公建筑群与节约型园林绿地：北京城市副中心行政办公区绿道实践

北京城市副中心行政办公区位于通州区潞城镇，长安街的东延长线上，总面积约 6km²，包含北京市委市政府办公建筑群及会议中心、图书馆、博物馆等公共服务设施，旨在建设历史文化与现代文明交汇的新型城区样本。北京城市副中心行政办公区绿道网将节约型生态园林与行政办公建筑联系起来，成功实践了多专业一体化统筹，强调功能复合与土地资源的高效利用、自然与人工的无缝衔接，主要体现在以下几个方面：

第一，绿道布局"多网融合"，绿道网、慢行网、林荫网、健身网、海绵网同步构建（图 3-12）。根据市政道路等级，项目设计对非机动车道及人行道进行断面优化调整，营造安全、舒适、便捷的绿色出行环境。将滨河绿地中的慢行道规划为绿道，联系市级绿道系统并完善交通衔接。在林荫中植入健身慢跑径，将运动场健身、器械健身与无器械健身相结合，形成科学健身网络。通过集雨型绿地、透水铺装、生态草沟等措施打造海绵网，实现三年一遇雨水零外排。

第二，绿道设计"多道合一"，风景河道、亲水绿道、通风廊道、地源热泵管道高效集约。镜河（原名丰字沟）是穿过本区域的主要水系，原为排水渠道，改造后成为兼具排水调蓄、通风、休闲等功能的风景河道。镜河滨水绿道全长约 3.6km，项目设计从生态水岸、集雨型绿地、低能耗绿地、可再生能源应用、生物多样性提升等方面着手，一体化营建生态景观系统，同时融合多层次的开放空间系统，承载休闲游憩、科学健身、科普教育、公共艺术等功能（图 3-13、图 3-14）。

景观布局结构 多线
建设安全、人性化、生态的慢行系统

慢行系统规划：
根据慢行道所处的不同环境，可分为城市
慢行道、公园慢行道两大类

城市慢行道优化：
结合道路等级，进行断面优化调整
注重安全、舒适的绿色出行体验

公园慢行道优化：
选取主要公园慢行道规划为绿道
联系市级绿道，完善交通衔接，丰富绿道游赏体验

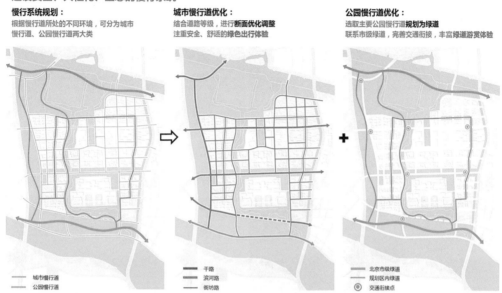

城市慢行道
公园慢行道

干路
滨河路
街坊路

北京市级绿道
规划区内绿道
交通衔接点

图 3-12　北京城市副中心行政办公区绿道布局"多网融合"

一体化设计**"多道合一"**，实现丰字沟河道复合多元的功能，达到土地资源的高效利用

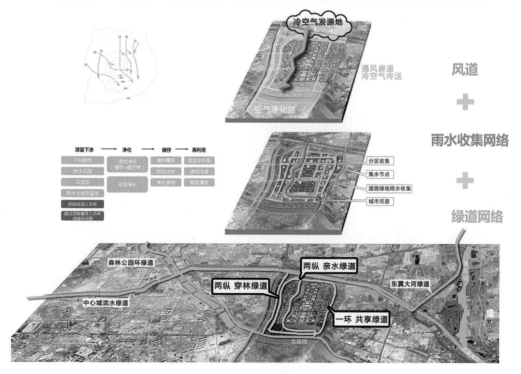

图 3-13　镜河绿道设计"多道合一"

图 3-14　功能复合的镜河绿道

　　第三，营造宜人环境，引领智慧生活。绿道沿线通过微地形设计，合理配置植物群落，结合智能设施主动式调节，改善局部小气候，提升环境舒适度。景观构筑物和活动场地结合太阳能光伏发电装置为景观灯、风扇、雾喷等园林设施提供电能，实现局部零能耗并改善微气候。结合智能化的网络科技系统，将科学健身、自然科普、文化艺术等信息与手机终端相关联，实现"边走边玩、边玩边学"，引领绿色低碳、文明健康的生活方式。

　　第四，遵循地域文脉，传承北京气质。选用乡土植物作为骨干树种，突出北京四季分明的季相特征，春季以春花植物为特色，夏季乔木浓荫如盖，秋季彩叶林色彩绚丽，冬季常绿植物比例超过40%。镜河水系承接北京古城水韵，成为新城"润城之水"和副中心"北京气质"的重要载体。整个设计延续古典园林理水思想，丰富水体形态变化，融入尺度宜人的休闲场所，营造开合有致、灵动大气、蓝绿交织、水城共融的滨水空间；传承中华传统的自然观与价值观，让风景融入日常生活（图3-15~图3-20）。

图 3-15　镜河两岸绿道建成实景

图 3-16　景观台阶衔接建筑与滨河绿道

图 3-17　滨河绿道

图 3-18　绿道与雨水花园

图 3-19　绿道沿线依托光伏发电的风扇及雾喷

图 3-20　绿道沿线可随时健身的景观台阶

资料来源：中国城市建设研究院无界景观工作室

3.2 沟通城市与郊野

3.2.1 融合郊野公园系统

漳州市自 2011 年着力构建"田园都市、生态之城",保护并改善城市生态环境,提供亲近自然的空间,引领新的生活方式,实现人与自然和谐相处。中国城市建设研究院无界景观工作室陆续承接了多个漳州郊野公园及绿道项目,通过郊野公园与绿道同步规划设计、同步建设,实践区域从中心城区逐渐拓展至漳州下属县(市),依托不同现状资源,实现绿道与风景河道、溪流湿地、自然山体、田园果林、古迹民居等完美结合,发挥了生态涵养、环境提升、休闲游憩、文化传承等综合功能。

3.2.1.1 城市水脉的保护与提升:九龙江北江滨绿道

九龙江是漳州的母亲河,城市依江而建,农田沿岸而作,千百年来江、城、人、景和谐发展。漳州老城区位于九龙江西溪北岸,新的城市总体规划将城市格局拓展为"一江两岸",绿道建设也沿着九龙江西溪南北两岸展开。

九龙江北江滨绿道是福建省省级绿道 6 号线的一部分,沿线串联多个郊野公园。设计师着力打造城市生态、文化、休闲、生活综合性廊道,实现了景观提升、绿道建设、环境整治等功能融合。绿道一期工程位于漳州市中心区,设计立足滨江滩地现状条件,摒弃大改大建、人工痕迹过多的河道改造方式,打造大绿野趣的沿河空间;并在实施过程中不断进行优化调整,实现了对原有地形、水系、植被、村落、道路等最大限度的保护与合理利用(图 3-21~ 图 3-23)。绿道二期工程位于市区东北部的天宝镇,突出滨江竹

图 3-21 九龙江北江滨绿道一期滩地改造前后对比图

图 3-22　保留现状石桥，梳理水系

图 3-23　穿过现状荔枝林的绿道游径

图 3-24　九龙江北江滨绿道二期

林特色，将九龙江南岸的圆山作为重要的对景与借景，设置富于变化的滨水游径（图 3-24）。

3.2.1.2　城市历史轴线的重塑与延续：南山文化绿道

南山与丹霞山位于九龙江西溪南岸，是漳州古城历史轴线上的重要节点，"南山秋色""朝丹暮霞"名列古漳州八景（图 3-25）。场地内的南山寺，建于唐开元年间，是全国佛教重地。这里还曾经是漳州工业发源地、市区南大门，也是漳州跨江发展规划的圆山新城门户。由于城市功能与规划变迁，这里成为被遗忘的角落——两山被割裂、水体污浊、厂房闲置、违建林立……

设计师以绿道为脉络，重新联系被市政道路割裂的两山，修复受破坏的山体，梳理湿地水系及交通网络，整合区域环境，构建山、江、湖、田、寺、城交融的整体格局，塑造"碧水环青山、花海拥古刹、登高望古城、乐活享南山"的美丽景象（图3-26）。绿道使山体、水岸与周边规划建设的

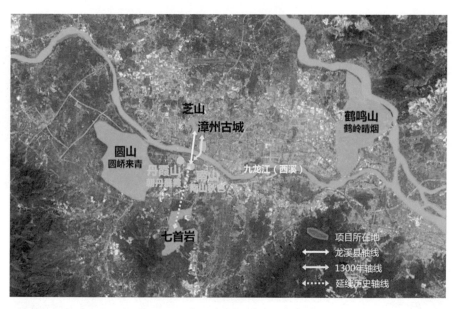

图 3-25　南山文化绿道区位分析图

图 3-26　南山文化绿道设计理念分析图
资料来源：中国城市建设研究院无界景观工作室

图 3-27　南山文化绿道建成实景

资料来源：中国城市建设研究院无界景观工作室

公共服务建筑、文创园、高新科技双创基地、物联网产业园等形成良性互动，通过环境提升带来生态、社会、经济综合效益，推动城市片区的转型"新生"，打造漳州新兴现代服务业集聚区。

南山文化绿道一期为山体绿道，位于南山生态文化园内，全长 9km。南山文化绿道二期为水岸绿道，全长 2km，加强南山文化生态园与九龙江西溪南江滨的联系。项目设计延续古城历史轴线，尊重场地历史肌理，结合南山寺、旧厂房、闽南红砖民居等资源，修补城市公共空间，因地制宜地将文化与自然景观有机结合；注重公共空间的体验性与参与性，承载休闲交往、科普教育、体育健身等复合功能，有效激发空间活力（图 3-27）。

3.2.1.3　城郊湿地的保护与提升：云霄县南湖湿地绿道

云霄县是漳州市辖县，漳州文明的发祥地，素有"开漳圣地"之称。南湖湿地是县城新区未来重要的公园绿地，现状有山美溪、前途溪、汀仔洋溪等多条溪流汇集，下游有佳洲岛农业休闲岛及漳江口红树林国家级自然保护区。

该项目郊野公园建设与溪流防洪堤加固、高标准农田改造等内容同步进行，设计师以生态、生活、生产统筹发展为基本原则，致力于防洪安全保障、湿地海绵体保护提升、环境景观提升、休闲游憩场所营造、地域文化传承、本地特色产业展示、旅游开发等多重功能的协调统一。

该项目位于规划云霄县城发展主轴与滨水景观休闲带的交点，是漳州市级绿道串联的重要节点，同时也是规划云霄县生态绿核的重要组成部分，对于完善县城绿地系统、服务城乡居民具有重要意义（图3-28）。在保证"润城之水"优良生态、提高防洪安全韧性的基础上，着力打造"活力引擎"，依托现状堤顶路及田间小径整理建设南湖湿地绿道，布局三种主题游径，强化植物景观空间，融合游憩场所与水陆生境，促进人与自然和谐共生（图3-29）。

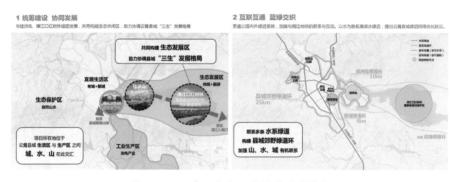

图3-28 云霄县南湖湿地绿道设计策略

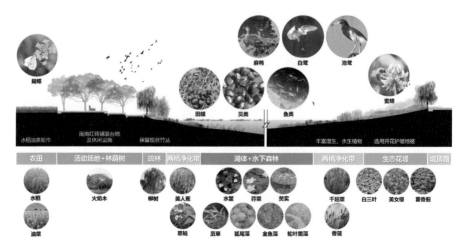

图3-29 云霄县南湖湿地绿道种植设计与生境营造

项目贯通全长 5km 的公园绿道环,基于热身、拉伸、力量、有氧、静态拉伸的科学健身流程,系统性布局活动场地,结合健身标识,推广随时随地无器械健身(图3-30);设置科普标识,融合五感体验,让人们了解动植物、农作物、湿地生态、水利安全等知识。郊野公园及绿道建成后实现了良好的生态、社会、经济效益,有效提升湿地滞蓄净化能力,助力流域综合整治,维护下游生态环境,同时切实服务群众,成为当地居民公共休闲的重要场所,先后举办了龙舟赛、灯光秀等活动(图3-31~图3-33)。在该项目的示范带动下,云霄县将绿道列为民生工程,沿道路、水系继续延伸,加强山、水、城之间的联系,后续完成绿道新建改造共 11km。

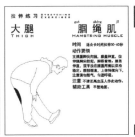

图 3-30　云霄县南湖湿地绿道健身标识

图 3-31　云霄县南湖湿地绿道建成航拍　　　图 3-32　云霄县南湖湿地绿道建成实景

图 3-33　云霄县南湖湿地绿道丰富的市民活动
资料来源:中国城市建设研究院无界景观工作室

3.2.2 搭建城市双修框架

厦门市海沧半岛与本岛隔海相望，是厦门的城市副中心、国家级台商投资区。产业的蓬勃发展吸引了大量外来人口，城镇化发展迅猛，城区绿地系统有待优化提升，以满足市民日益增长的户外休闲需求。

中国城市建设研究院无界景观工作室自 2012 年以来陆续承接了海沧区若干重要绿色公共空间的景观规划设计工作，立足于实际情况，将绿道作为"城市双修"的辅助框架，强化山、海、湖、城交融的地域特色，建设功能复合的绿色基础设施，为海沧区未来发展前瞻性地构建绿色框架。绿道有机连接分散的生态斑块，强化生态连通和"海绵"功能，参与构建区域性生态网络；为市民提供开放共享的绿色休闲健身场所，丰富城市绿色出行方式，有利于民生健康，提高城市活力，促进厦门岛内外协调发展。

结合绿道建设，物质环境与文化环境同步"双修"，策划形成串联海沧半岛诸山的"连峰路"，与环绕厦门本岛的"环岛路"遥相呼应（图 3-34）。"环岛路"突出滨海风光，"连峰路"则尽显山林之美。传承厦门岛内基因，建立海沧独具特色的绿道活动品牌，进一步形成绿道健康与文化创意产业集群，带动海沧相关产业及区域经济发展。

3.2.2.1 结合山体修复，密切山城联系，非遗活化传承：蔡尖尾山绿道

蔡尖尾山系包含蔡尖尾山、大屏山、三魁岭、龟山等山体，是海沧区中部重要的生态绿核与山海通廊，山体大部分被划入生态红线范围，绿道

图 3-34　厦门海沧"连峰路"策划概念图

建设与山体修复、林相改造等工程相结合，消除沿线安全隐患，保护修复山地自然环境。绿道布局充分利用现状森林防火道、登山路、水库堤顶路等进行改造提升，结合周边环境创造丰富的游赏体验（图 3-35）。在坡度平缓的区域设置无障碍健身径，在坡度较大的区域设置登山健身径，在视野开阔的区域设置观城瞰海径，结合现状禅寺设置山林禅修径，结合采石场修复区域设置自然科普径。

大屏山位于蔡尖尾山系最东端，是海沧区的东部门户，项目设计充分利用其地理位置优势，营造以山林公园为形象的门户地标。山顶观景台同时也是"城市演播厅"，可一览厦门岛全貌，形成厦门岛外新兴旅游目的地，缓解岛内旅游容量压力（图 3-36）。

龟山位于蔡尖尾山系西南部，山体北部的青礁慈济东宫是全国重点文物保护单位，也是民间信俗的重要活动场所之一，其影响涉及我国闽南、潮汕及港澳台地区等。绿道将龟山公园与青礁慈济东宫及周边社区联系起来，成为游境踩街等传统民俗活动的重要线路，活化传承非物质文化遗产，促进回迁原住民与海沧新移民的融合，助力两岸民间文化交流发展（图 3-37）。

图 3-35 蔡尖尾山绿道建成实景（结合森林防火道及现状水库）

图 3-36 大屏山绿道效果图

图 3-37　龟山公园绿道效果图（游境踩街活动）

3.2.2.2　营建 CBD 慢生活体验途径：东南航运中心绿道

　　东南国际航运中心大厦是厦门乃至海西重要的地标性建筑，是集办公、商业、酒店为一体的复合功能区域，即厦门的中央商务区，同时也是城市居民休闲的重要场所。景观设计延续厦门"最悠闲城市"与"候鸟度假地"的城市特色，将湖景、海景与 CBD 城市景观相结合，通过边走边玩的体验式绿道系统，串联整合区域滨湖商业、滨海度假资源，营建 CBD 慢生活体验途径（图 3-38、图 3-39）。

图 3-38　东南航运中心鸟瞰图

图 3-39　东南航运中心建成实景

资料来源：中国城市建设研究院无界景观工作室

3.2.3　盘活县域低碳文旅

3.2.3.1　联系新旧城区的蓝绿网：科山"双碳"示范基地绿道

科山位于福建省泉州市惠安县中心城区与城西新区之间，涉及众多山体，现状植被优良，大部分为二级生态红线，溪流、水库、村落、庙宇等自然与人文资源并存。惠安县城区面积有限，公园绿地空间严重不足，同时缺乏特色旅游目的地。因此建设科山绿道既是完善市民日常游憩场所的有效途径，也是促进惠安县文旅开发的重要举措。

中国城市建设研究院无界景观工作室承接了科山"双碳"示范片区项目的规划设计工作，通过构建"1+2+N"低碳发展框架，以科山"双碳"示范基地为核心，以"科山蓝绿网"为载体，连接西苑—惠泉更新片区与城西拓展片区，形成"科山一网连两片，蓝绿交融串城乡，低碳转型源多点，境人城业兴惠安"的特色结构。升级单纯的连片建设模式，通过线性绿色基础设施网络联系新旧城区，促进三生统筹，实现最小建设投入下复合效益的最大化，为城乡共荣高质量发展提供具有惠安特色的路径，为积极稳妥推进碳达峰碳中和提供示范。

惠安县科山"双碳"示范基地以"科山蓝绿网"为载体，8 条绿道网络总长约 90km，串联九溪六库现状水系蓝网，延伸盘活惠安新旧城区之间总面积 60km^2 的区域（图 3-40）。搭建"1+N"绿色发展框架，打造福建首个

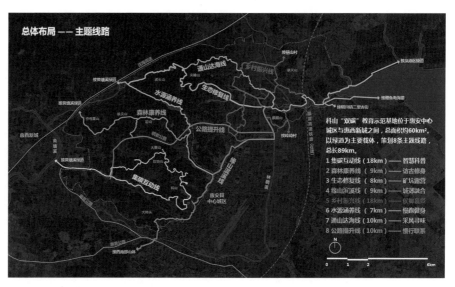

图 3-40　科山"双碳"示范基地绿道网总体布局

公共艺术＋智慧场景"双碳"示范基地，融合绿色低碳教育、绿色生活惠民、生态文明党建、艺术赋能创新、产业转型孵化等多元主题，示范低碳时代惠安绿色发展"城市品牌运营"（图 3-41）。绿道网实现城乡融合，联系惠安县中心城区与惠西新城，串联多个乡村，辐射周边区域；加强山海联动，连通惠安已有绿道"山线"与"海线"，盘活全域并突出公共艺术主题；促进全球互联，依托网络科技进行文化输出，传播绿色发展理念，使惠安成为泉州（21 世纪海上丝绸之路先行区）"启航点"。

　　集碳互动线是科山"双碳"教育基地的启动线路，依托现状山顶风车维护道路建设，主线全长约 18km，对沿线裸露护坡进行生态修复，局部增加路面彩绘及休息设施；增设服务及智能科普设施，设计融于自然的休闲观景平台；利用现状留存的采石坑，设置不同规模的场地，开设矿坑课堂（图 3-42~ 图 3-44）。集碳互动线以智慧科普作为主题特色，绿道将游人引入山林，在地体验的同时，实现个人排碳量就地碳汇消纳；建设福建首个"森林固碳可视化"科普基地，开发科山"碳积分"体系，探索福建首个"森林场景"碳账户系统，将抽象的"双碳"概念转变为直观的可视化信息，以多元化的互动参与方式，推广普及低碳知识，引导践行低碳生活（图 3-45）；依托 AR 等技术，可实现全区的智慧导览，通过人脸识别进行实时排碳量统计，进行植物种类及其固碳效益科普等（图 3-46）。

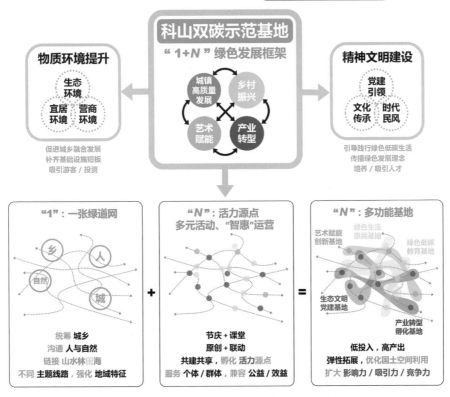

图 3-41　科山"双碳"示范基地策划理念

图 3-42　科山集碳互动线鸟瞰效果图

图 3-43　科山集碳互动线效果图

图 3-44　科山集碳互动线矿坑课堂效果图

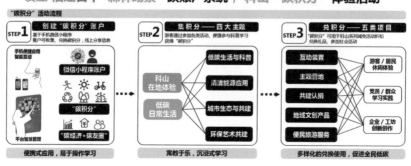

图 3-45　科山"碳积分"体系

图 3-46　科山"碳积分"体系
资料来源：中国城市建设研究院无界景观工作室

3.2.3.2 "生活艺术岛"活力动脉：小岞镇环岛艺术慢道

　　小岞镇位于福建省泉州市惠安县东南部，镇域总用地面积 7.4km²，三面环海呈半岛状。小岞是泉州的"陆域东极"，因为半岛东部建设的风电场而被形象地称为"风车岛"，其现状以自然及渔业岸线为主，北部沙滩及南部礁石岸线全长 20km，风光旖旎。小岞镇有 3 个渔港，渔业生产与原住民的生活紧密相连。小岞镇是原生态惠女文化保育区，惠（安）女在当地生产、生活中发挥着巨大的作用，镇北部的惠女林场是凝聚她们汗水的劳动成果，也是具有原真性的"鲜活的风景"。风车、礁石、沙滩、渔港、惠女、林场共同构成了小岞独特的海滨风情，是当代艺术写生的优良素材，吸引了大批艺术家前来采风。

　　小岞在区位条件、自然资源、地域文化等方面优势鲜明，但同时也具有不容忽视的劣势。由于规划控制不力，居民自建住宅无序蔓延，滨海自然空间逐渐被侵蚀，部分礁石岸线已被密集的建筑占据，北部天然沙滩因修建工业码头也受到一定的破坏，生态环境亟待保护。镇内现状人口密度高，建设用地有限，市政基础设施薄弱，内部交通不畅。产业结构不均衡，文化旅游产业尚处于初级发展阶段，急需寻找适合本地的可持续发展途径。

　　中国城市建设研究院无界景观工作室与深圳市都市实践设计有限公司承接了小岞"生活艺术岛"策划方案编制工作，认为完全导向经济建设、牺牲自然文化资源保护与传承的模式并不可取，本地特色资源需要寻找合适的方法盘活利用。联合团队提出从艺术的视角保护原生态岸线资源和原真的地方文化，用艺术化再造的手法串联整合镇内其他资源，打造小岞"生活艺术岛"，提出五大发展计划。岸线整体提升是重要发展计划之一，首先划定开发控制红线，明确滨海限制建设区范围，在该范围内禁止民居拓建，审慎进行局部更新与开发，不得开展侵占农田及破坏自然环境的项目。环岛艺术慢道是岸线整体提升最重要的项目，基于现状资源特色分为人文艺术体验线、海景观光体验线、海滨休闲体验线三个主题段落，串联兼容文化艺术、休闲旅游、教育、商业、渔业等功能的项目集群。

在策划方案的基础上，中国城市建设研究院无界景观工作室完成了小岞环岛艺术慢道的设计工作，叠加自然风景、艺术场景与消费场景，构建综合性文化旅游体验带，打造"生活艺术岛"的活力动脉（图 3-47）。环岛艺术慢道既是自然＋人文、生活＋艺术的环岛风光带，也是功能复合、引导转型发展的场景体验径。项目实施首先实现慢道环通，为游客和采风艺术家们提供赏景、取景的新路径与场所；然后逐步完善写生亭、休闲驿站等服务设施，并推动镇、村及惠安县文旅集团联合对沿线土地进行梳理盘活，在严格保护基本农田的基础上积极引入特色性文旅项目（图 3-48、图 3-49）。

目前已建成环岛艺术慢道起点公园，雕塑大师陈文令的作品"海之子"成为新的打卡标志（图 3-50）。环岛艺术慢道沿线还在筹建公共艺术装置及公共建筑。小岞环岛艺术慢道建设将促进生活与艺术的深度融合，实现

图 3-47　小岞临海艺术慢道设计目标

图 3-48 小岞临海艺术慢道设计理念（环岛风光带）

图 3-49 小岞临海艺术慢道设计理念（场景体验径）

图 3-50 小岞临海艺术慢道起点公园建成实景
资料来源：中国城市建设研究院无界景观工作室

环境保护、文脉传承与经济发展的良性互动与共赢，引领小岞镇发展转型，开启文旅产业发展的新阶段。未来以环岛艺术慢道为基础，小岞镇绿道网将进一步拓展，对内延伸联系镇内其他特色游径，提供深入体验本地风情的优良途径；对外联动周边旅游资源，构建惠安县东部滨海绿道体验环；还可对接湄洲湾等海上游线，积极融入区域整体旅游网络。

3.3 前瞻引领绿色发展

3.3.1 完善绿色基础设施

3.3.1.1 城市绿心的活力环线：梓山湖绿道

梓山湖位于湖南省益阳市主城区地理中心，原是以汇水灌溉功能为主的水库，水域面积约 $1km^2$。梓山湖是益阳重要的生态绿核。湖体北岸高楼林立，西北、西南、东北、东南四面均有现状及规划的居住及商业用地，西部为已建高尔夫球场及奥林匹克公园。2015 年益阳市政府规划建设"一园两中心"项目，由梓山湖生态公园、益阳市市民文化中心、益阳市市民服务中心三部分组成，以具有益阳特色的地标性建筑群为基础，打造集科技普及、文化展示、市民休闲、观光旅游、政务服务等功能于一体的城市新区活力中心。

中国建筑设计研究院本土设计研究中心承接了梓山湖南岸的"两中心"建筑设计工作，中国城市建设研究院无界景观工作室与其合作进行了梓山湖片区城市设计、梓山湖生态公园规划设计及旅游项目策划。联合团队认为梓山湖区位条件优越，现状资源融山、水、林于一体，兼具城市公园与旅游景区的双重属性，应加强片区整体统筹，保护生态环境，引领绿色发展，将其从城市的地理中心转变为承载市民公共生活、对外展示城市形象的新兴活力中心。联合团队主要做了以下三方面的工作。

第一，在地形地貌、水体、植被、建筑、交通等现状分析的基础上，结合已出让地块等规划条件，合理划定梓山湖片区的绿线范围，确定总面积约 2.97km² 的梓山湖生态公园用地。绿线范围内禁止房地产开发，避免城市快速建设的进一步影响，有效保护梓山湖及其周边绿色生态空间。

第二，衔接周边环境，提出"一环连五区，两轴分主题"的规划结构。全长 7.5km 的环园路（绿道主线）串联"北商、南文、东游、西体、中心湖区"五大功能分区，西半环大部分结合现有道路提升改造，强化了片区西部绿色空间保护的边界；东半环成为梓山湖公园内部的主要游线。南北纵轴突出城市文化主题，东西横轴突出健康活力主题（图 3-51）。

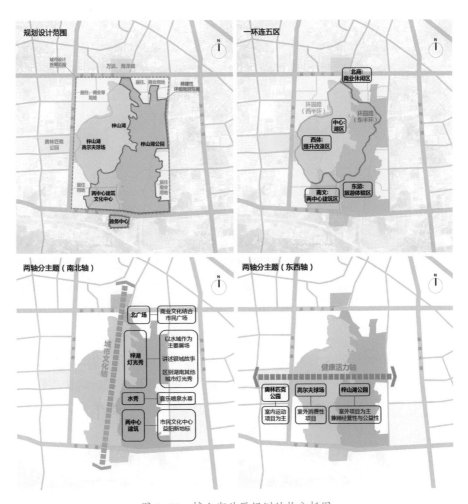

图 3-51 梓山湖片区规划结构分析图

图 3-52　梓山湖绿道主题环线——　　　　　图 3-53　梓山湖绿道主题环线——
慢运动健身环效果图　　　　　　　　　社区健身环效果图

资料来源：中国城市建设研究院无界景观工作室

第三，结合现状条件设计不同尺度的绿道主题环线，沿线设置科学健身设施，策划类型丰富的健身活动，满足不同年龄段的使用需求。慢跑骑行环连通整个片区，距离较长，沿线体验丰富，适合较高强度的运动，还可举行马拉松等赛事活动。慢运动健身环是梓山湖公园的内部环线，坡度适宜，适合慢节奏、低强度的运动，可邀请专业人员教授健身课程（图 3-52）。社区健身环临近居住区，就近服务市民日常健身（图 3-53）。

3.3.1.2　结合山地海绵系统：后河绿道

重庆市两江新区悦来新城 2015 年入选国家首批海绵城市建设试点，是其中唯一的典型山地海绵城市，也是唯一的大面积未开发城市新区。后河下游流经悦来新城北部，最终汇入嘉陵江，是重庆山水体系的重要组成部分。后河环境综合整治工程是其所在片区的先导性项目，先于周边规划地块建设。

中国城市建设研究院无界景观工作室负责统筹协调，与哈尔滨工业大学重点实验室、中国科学院水生生物研究所、中国科学院微生物研究所等单位合作，通过多专业协同，从全局角度出发，综合考虑了项目所在地现存或将要面临的以下问题：河谷现状道路不成系统，交通流线组织应兼顾近远期的使用需求；周边城区的开发建设可能造成水土流失并带来一定程度的环境破坏，经模拟计算，现状河谷自然本底无法满足海绵城市建设规划指标要求，难以应对未来的污染压力。

项目组提出以立体山地海绵系统为基础，将生态涵养廊道、自然景观廊道、活力休闲绿道合一，切实保护自然河谷生态本底，智慧应对新城开发。自然积存、自然渗透、自然净化，综合应用"渗、滞、蓄、净、用、排"措施，将流域综合整治、天然海绵保护修复、生态景观营造相互融合，展现青山绿水自然景观，构建新城生态安全屏障（图 3-54、图 3-55）。设计兼顾当下与未来，适应城市开发进行分期建设：近期完成流域水环境整治、自然山地海绵体的保护提升，沿河绿道基本建成；远期完善绿道服务设施，发挥综合效益，提升土地功能价值。

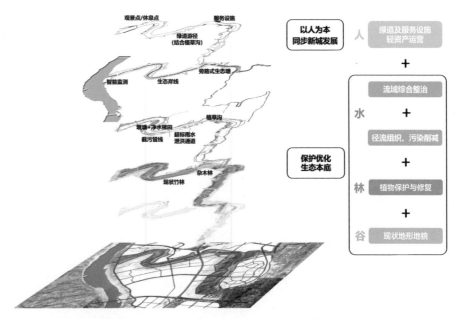

图 3-54 后河环境综合整治工程设计理念分析图

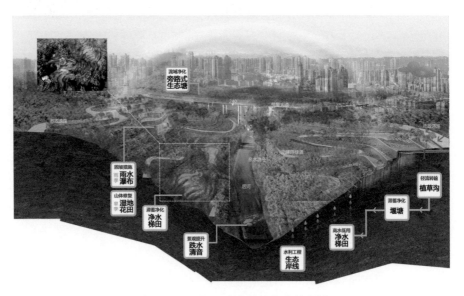

图 3-55 后河山地海绵综合体模式图

图 3-56　山地绿道结合植草沟效果图

图 3-57　绿道与堰塘、净水梯田鸟瞰效果图

　　设计全长 24km，包含主线、支线两个等级，山地、滨水两个类型的绿道。绿道游径对现状道路进行补充与完善，预留与规划路网的衔接点，合理组织动静态交通。弹性考虑洪水、自然景观、游憩场地的关系，因山就势营造多层级的户外休闲空间。后河绿道系统与山地海绵系统紧密结合：在整体布局上，针对山地系统表层土薄、土壤较贫瘠、渗透性较差等特点，绿道游径与植草沟体系结合设置，顺应现状地形，有效组织地表径流（图 3-56）；在节点设计上，将现有梯田改造为具有蓄滞净化作用的堰塘、生态塘及净水梯田等，并打造"跌水花台""高山流水"等景点，呈现山地海绵特色水景观（图 3-57、图 3-58）。绿道沿线结合科普标识，向游人展示说明山地海绵的相关知识，加强环保教育。

图 3-58　"高山流水"景点效果图（常水位与 20 年一遇洪水位）
资料来源：中国城市建设研究院无界景观工作室

3.3.2　助力产业转型提升

3.3.2.1　花乡漫游径：圆山水仙花基地绿道

漳州是水仙花的故乡，其栽培历史可以追溯到明朝，漳州水仙产品销售全国各地，并出口美国、荷兰和东南亚等地。九龙江南岸圆山东麓自然条件得天独厚，是栽培水仙花的优良场所。但水仙花产业链尚不完整，利润空间小，花农生产积极性不高，且缺少有效保护措施，现状水仙花生产基地面临侵蚀困境。

中国城市建设研究院无界景观工作室对水仙花基地进行整体统筹，保留现状村落，首先将主要水系和道路加以梳理连通，划定核心保护区边界，有效保护水仙花生产基地，引进科技保育，增加花农收益。随后将水系与道路延伸拓展，构建水陆交织的绿道网络，串联田园慢生活，建设集产、学、研、娱为一体的农林公园（图 3-59）。最终将花卉产业与休闲旅游产业有机结合，形成集吃、住、行、游、购、娱为一体的特色花乡体验模

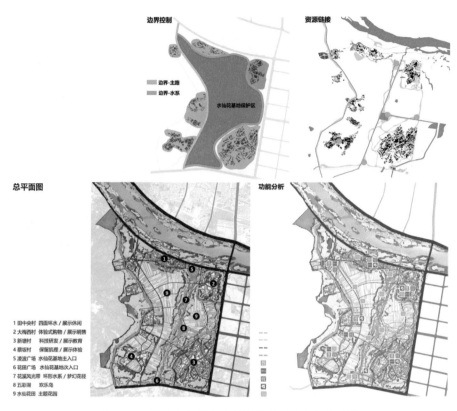

边界控制　　　　　　　　　资源链接

边界-主廊
边界-水系

水仙花基地保护区

总平面图　　　　　　　　　功能分析

1 田中央村 四面环水 / 展示休闲
2 大梅西村 体验式购物 / 展示销售
3 新塘村 科技研发 / 展示教育
4 慕坂村 保留肌理 / 展示体验
5 凌波广场 水仙花基地主入口
6 花田广场 水仙花基地次入口
7 花溪风光带 环形水系 / 梦幻花径
8 五彩湖 欢乐岛
9 水仙花田 主题花园

图 3-59　圆山水仙花基地规划设计理念与总体布局

图 3-60　水陆交织的绿道网络概念图

式。深层发掘漳州水仙的文化内涵，并与漳州传统民俗文化相叠加，在传承的基础上积极创新，策划丰富多彩的活动，赋予花卉产业更高的观赏体验价值，为水仙花基地注入新的活力，树立漳州特有的花乡休闲旅游品牌（图 3-60、图 3-61）。

图 3-61　水仙花技艺传承与民俗活动

资料来源：中国城市建设研究院无界景观工作室

3.3.2.2　农林公园绿道：平和延寿山柚林绿道

　　平和县位于漳州市南部，特产"琯溪蜜柚"闻名天下。然而过度种植蜜柚也带来生态失衡、水土流失、环境污染、产业单一等问题。延寿山紧邻县城西北，可俯瞰县城。山体有现状车行路和步行小路，大部分被柚子林覆盖。

　　中国城市建设研究院无界景观工作室立足延寿山资源条件，以绿道为主要切入点，以农业为基础，以柚子为核心，沟通农业生产、相关产业、多元经营、自然生态、文化艺术五大体系，统筹建设功能复合的农林公园（图 3-62）。打造观城品柚、健身修心、启智创新的场景体验地，平和乡土文化 IP 的升华展示场，平和蜜柚产业转型的先行示范点。

　　规划设计师梳理山体现有道路，优化布局观城健身径、柚博文化径、锦溪艺术径、高际溪水岸径、慢跑骑行环、慢运动体验环六大绿道主题线路，加强山、水、林、城、村互动（图 3-63）。因地制宜选取绿道沿线的优质景观资源点，植入多功能场地及服务建筑，承载多元活动，带动相关产业发展。延续平和文脉，从古今作品中提炼设计语汇，营造沉浸式场景，丰富绿道游赏体验。

图 3-62　延寿山产业升级概念图

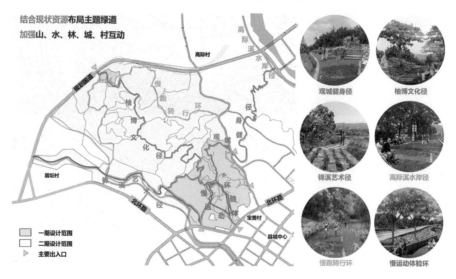

图 3-63　延寿山主题绿道布局图

资料来源：中国城市建设研究院无界景观工作室

3.3.3　统筹三生城园一体

3.3.3.1　CEO 公园城市建设规划：北京大兴国际机场临空经济区核心区廊坊片区实践

北京大兴国际机场于 2019 年 9 月正式投入运营。北京大兴国际机场临空经济区由国务院批复设立，总体定位为"国际交往中心功能承载区、国家航空科技创新引领区、京津冀协同发展示范区"，包含总体管控区与核心区两个层次，由北京、河北（廊坊）两部分组成。本节介绍的研究范围为北京大兴国际机场临空经济区核心区的廊坊片区，地处京津雄三角空间格局的中心地带，也是北京南中轴延长线与永定河生态文化带的交点。研究范围总面积约 100km^2，包含航空物流区 52km^2，科技创新区 48km^2（图 3-64）。

基于对研究区域现状条件、生态环境、景观风貌、地域文化、相关规划等的分析与解读，总结出以下四大特征：

第一，中轴延续，文脉相承。该区域位于北京城市中轴线南端，与北京、天津、河北历史同根、文化同源，具有京津冀区域协作纽带的作用。燕赵文化、唐代幽州文化、明清京畿文化与民俗文化相互融合。

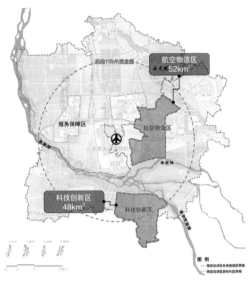

图 3-64　北京大兴国际机场临空经济区区位图

第二，平原风貌，河淀生态。该区域四季分明，平原耕作历史悠久，形成了格网纵横的大地景观肌理。永定河是该区域最大的水系，京津冀晋四省市已开始联手推进永定河综合治理与生态修复工程，项目建成后将形成溪流—湖泊—湿地连通的绿色生态廊道。

第三，京津走廊，核心腹地。该区域所在的廊坊地处京津黄金走廊，规划提出"四区一城"的发展定位，建设京津协同发展示范区、发展临空经济对外开放引领区、科技创新成果转化先行区、高端高新产业聚集区和京津走廊生态宜居城市。

第四，国际门户，综合枢纽。临空经济区、自贸试验区、综合保税区"三区联动"，同步建设的势能正在积聚。北京大兴国际机场是全球最大的空地一体化综合交通枢纽，依托已建成的"五纵两横"立体交通网络，可实现 1h 通达京津冀，3h 通达 28 个城市，交通圈覆盖城市人口达 2 个多亿。

基于对北京大兴国际机场临空经济区核心区廊坊片区特征的研究，提出构建区域宜业宜居"公园城市示范区"的总体目标，打造"城中有园、城园相融、人城和谐"的城市样板，形成"以人为本、美好生活、诗意栖居"的新型城市发展形态。本项目以绿色空间作为主要对象，打破城市与郊野的分割，加强景观风貌的整体统筹，突出文化、生态、开放（Culture、Ecology、

Open）三个关键词，像"CEO"一样引领城市健康发展（图 3-65）。

本项目研究以绿色空间作为主要载体，以风景园林引领多专业合作，以空港为核心突出临空特色，将生态安全格局、环境综合整治、灰绿基础设施、公共空间系统、智慧公共服务、景观风貌格局六大系统一体化营建，同时紧密结合航企服务、物流运输、科研创新、产业制造、商务办公、居住生活等不同功能，积极优化土地资源利用，发挥生态、经济、社会等综合效益（图 3-66）。

营建 CEO 公园城市

绿地 为载体，塑造城市风貌特色
公园 为媒介，引领城市健康发展

Culture **E**cology **O**pen
孕育**文化**特质，践行**生态**文明，营造**开放**空间
促进社群交往，激励智慧创新，彰显临空特色

图 3-65　北京大兴国际机场临空经济区廊坊片区景观风貌规划总体目标

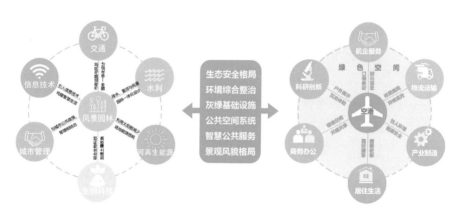

图 3-66　北京大兴国际机场临空经济区廊坊片区景观风貌规划指导思想

本项目提出三项发展策略：

第一，因地制宜、一脉相承。

基于现状条件，紧密结合区域规划布局，营造林、田、水、城相互交融的整体风貌，建设地域特色鲜明的"绿色国门"，展现人与自然和谐共生的大国形象。以绿色空间作为载体和纽带，实现森林环城、田野拥城、林田交响、蓝绿交织、水系润城、绿廊穿城、城林相融，形成"俯瞰有气势"的大地景观（图 3-67）。

项目设计追溯唐代幽州历史文脉，挖掘"唐韵国风""盛世文化"在京津冀地区的新时代演绎，用景观风貌传承大气、包容、自然、大雅的中华

图 3-67　北京大兴国际机场临空经济区廊坊片区景观风貌规划发展策略（因地制宜）

图 3-68　北京大兴国际机场临空经济区廊坊片区景观风貌规划发展策略（一脉相承）

气韵，突出北京中轴线的视觉识别度，使这条世界上独一无二的城市轴线在时空双重维度得以延续，打造融汇古今的"盛世国门"，创建新时代的公园城市（图 3-68）。

第二，公园引领、风景融入。

城郊一体化统筹自然公园、综合公园、专类公园、社区公园、附属绿地等各类绿色空间，保护并完善区域生态基底，依托水系、交通线路等构建蓝绿廊道，将风景融入日常生活，营造公园化的工作、生活、出行、休闲环境（图 3-69）。

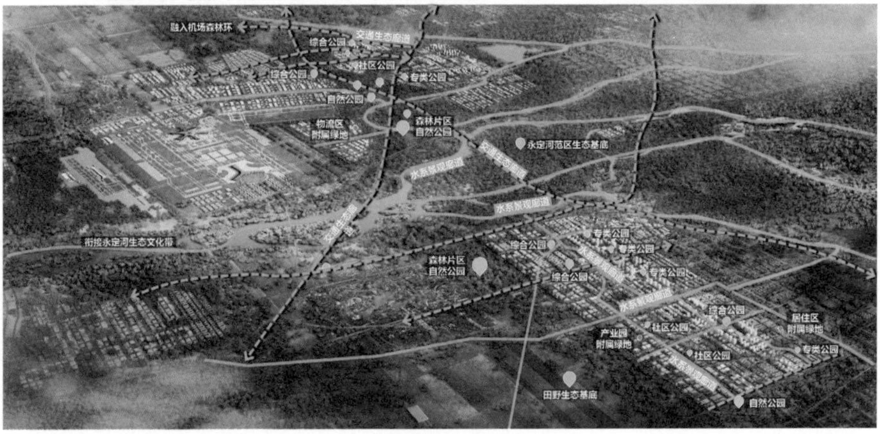

公园引领 保护完善生态基底，贯通蓝绿廊道，城郊一体化统筹各类绿色空间

图 3-69 北京大兴国际机场临空经济区廊坊片区景观风貌规划发展策略（公园引领）

风景融入 连通城市与郊野，融入日常生活，立足资源条件，强化空间特征

图 3-70 北京大兴国际机场临空经济区廊坊片区景观风貌规划发展策略（风景融入）

立足资源条件，强化不同的空间特征，森林锦田本底、生态风景河道、多彩交通廊道、标志门户景观、活力绿地节点共同构成变换丰富的绿色公共空间系统（图 3-70）。紧密结合规划的城市功能，绘出规整大气的制造产业区、花园启智的科研创新区、时尚多元的产业服务区、简洁现代的仓储物流区、温馨宜人的居住生活区等一幅幅风景画卷。

第三，场景营造、共同缔造。

以"绿地搭台、文化唱戏"，营造不同尺度规模的户外空间，策划受众广、接口多、参与性强的活动与事件，吸引"流量"，彰显地域文化的同时提升绿色空间活力，促进地域自然、历史文化与现代市民生活交相辉映，促进相关产业发展，并联动、辐射京津冀地区（图 3-71）。

依托临空指向型高端高新产业，以及廊坊"大智移云"战略性新兴产业，应用并展示科创产业成果，建设智慧园林。激发市民和企业的积极性、主动性、创造性，推动城市绿色空间的共建共享共管，强化归属感，提升幸福感，打造有温度的绿色空间，为场地注入持久生命力（图 3-72）。

在发展策略的基础上，提出两条实施途径：

第一，基于空间尺度与形态，划分三大组成要素。

本项目提出"CEO"公园城市包含三大组成要素："CEO"生态基底、"CEO"泛公园系统、"CEO"绿道与街道网络，优化点状、线状、面状绿地空间的衔接与融合，立足自然风貌，协同建筑风貌，塑造"CEO"公园城

图 3-71　北京大兴国际机场临空经济区廊坊片区景观风貌规划发展策略（场景营造）

图 3-72　北京大兴国际机场临空经济区廊坊片区景观风貌规划发展策略（共同缔造）

图 3-73 "CEO"公园城市三大组成要素

市的整体环境风貌（图 3-73）。

"CEO"生态基底立足自然环境条件，统筹山、水、林、田、城，提供必要的生态支撑。"CEO"泛公园系统在现有城市公园系统的基础上，统筹郊野公园与附属绿地，形成多功能的游憩体系。"CEO"绿道与街道网络统筹游憩、健身、交通网，鼓励多道合一、多网合一。

上述三大要素不是相互割裂，而是相互支撑、有机融合的，比如生态基底同时也是郊野公园的主要组成部分，绿道网络是在其他用地基础上的复合建设。三者共同加强城郊连通，促进城园一体与蓝绿交织，营造多元场景。

第二，明确各组成要素控制目标，对不同空间精准施策。

综合北京大兴国际机场临空经济区廊坊片区的现状及规划条件，落实"CEO"公园城市三大组成要素对应的具体空间要素与实施途径，基于文化、生态、开放（Culture、Ecology、Open）三个关键词，分别提出不同侧重的控制目标，便于精准施策（图 3-74、图 3-75）。

"CEO"生态基底主要包括大尺度森林带（片）以及交通与水系廊道。文化上主要是彰显华北平原地域景观特征；生态上主要是保障区域生态安全格局；开放上兼顾生态连通与休闲游憩。

"CEO"泛公园系统赋予航空物流区与科技创新区不同的景观主题，协同建筑划分五大风貌区。文化上突出两个片区各自的景观主题；生态上主

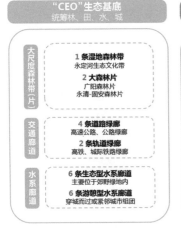 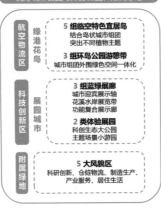 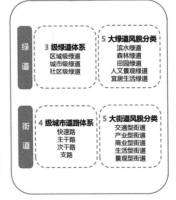

"CEO"生态基底 统筹林、田、水、城	"CEO"泛公园系统 统筹城市公园与郊野公园、附属绿地	"CEO"绿道与街道网络 统筹游憩网、健身网、交通网

"CEO"生态基底（统筹林、田、水、城）

- 大尺度森林带（片）
  - **1 条湿地森林带** 永定河生态文化带
  - **2 大森林片** 广阳森林片／永清-固安森林片
- 交通廊道
  - **4 条道路绿廊** 高速公路、公路绿廊
  - **2 条轨道绿廊** 高铁、城际铁路廊道
- 水系廊道
  - **6 条生态型水系廊道** 主要位于郊野绿地内
  - **6 条游憩型水系廊道** 穿城而过或紧邻城市组团

C：彰显华北平原地域景观特征
E：保障区域生态安全格局
O：兼顾生态连通与休闲游憩

"CEO"泛公园系统

- 航空物流区／绿港花岛
  - **5 组临空特色宜居岛** 结合岛状城市组团突出不同植物主题
  - **3 组环岛公园游憩带** 城市组团外围绿色空间一体化
- 科技创新区／展园城市
  - **3 组蓝绿展廊** 城市迎宾展示轴／花溪水岸展览带／功能复合展示廊
  - **2 类体验乐园** 科创生态大公园／主题场景小游园
- 附属绿地
  - **5 大风貌区** 科研创新、仓储物流、制造生产、产业服务、居住生活

C：突出两个片区鲜明的景观主题
E：加强城郊连通，完善生态服务
O：激发空间活力，承载丰富活动

"CEO"绿道与街道网络

- 绿道
  - **3 级绿道体系** 区域级绿道／城市级绿道／社区级绿道
  - **5 大绿道风貌分类** 滨水绿道／森林绿道／田园绿道／人文景观绿道／宜居生活绿道
- 街道
  - **4 级城市道路体系** 快速路／主干路／次干路／支路
  - **5 大街道风貌分类** 交通型街道／产业型街道／商业型街道／生活型街道／景观型街道

C：推动绿色出行，打造特色线路
E：促进土地资源高效利用
O：功能复合、使用便捷、环境舒适

图 3-74 "CEO"公园城市三大组成要素框架体系

图 3-75 "CEO"公园城市实施途径

资料来源：中国城市建设研究院无界景观工作室

要是加强城郊连通，完善生态服务功能；开放上主要是激发空间活力，承载丰富活动。

"CEO"绿道与街道网络对两个线性网络分别提出了分级与分类控制要求。文化上主要是推动绿色出行，打造特色线路；生态上主要是促进土地资源的高效利用；开放上主要是强调功能复合、使用便捷与环境舒适。

第 4 章

公园城市导向下的绿道发展展望

4.1　国家政策与绿道发展

4.1.1　加强宏观统筹，响应重大国家战略

目前我国绿道建设以地方政府为主导，已有大量区域（省）级绿道研究与实践，跨区域（省）的绿道协同发展有待加强，国家级绿道发展具备一定的基础条件。我国正处于国土空间规划改革的深化阶段，国家级绿道可以作为完善国土空间开发保护格局的重要抓手，对国家重大发展战略做出响应，助力推进京津冀、长三角、粤港澳等重要发展区域及长江、黄河等重要发展轴带建设，因地制宜精准施策。

我国幅员辽阔，自然文化遗产地、风景名胜区众多，还将逐步构建以国家公园为主体的自然保护地体系；国家级绿道可以连接具有代表性的上述资源，从国家层面对它们加以宏观统筹。我国已进行了国家森林步道、国家登山健身步道、国家旅游风景道等规划建设；国家级绿道可以衔接与协调各种长距离游憩健身线路，保护提升沿线环境，避免重复建设，有效促进跨区域、跨部门协同发展，实现国土资源节约集约高效利用。

4.1.2　引领绿色转型，促进三生融合发展

我国已全面确立了 2030 年前碳达峰、2060 年前碳中和的发展目标，大力推进生产生活方式和城乡建设绿色转型。未来绿道将全面发挥在生活、生态、生产三方面的积极作用，并有效促进三生融合发展，促进人与自然和谐共生。

绿道积极参与绿色生活创建活动，坚持以人民为中心，持续改善城乡人居环境，提高绿色出行比例，加快实现基本公共服务均等化，提供全龄友好的休闲健身场所，持续引领绿色健康的生活方式。未来绿道发展将落实节约智慧理念，推广应用低碳环保型新技术、新能源与新材

料，加强废弃材料循环利用，提高绿地实际固碳氧化能力，降低养护管理成本。

绿道将成为山水林田湖草沙一体化保护和系统治理的重要抓手，成为加强顶层设计的有效策略，成为打破条块分割的优良媒介，助力搭建不同规模、尺度的生态网络，尊重顺应自然肌理，持续改善生态环境，推进全域增绿，提高碳汇能力，加速生态价值转化。

绿道将构建联系城乡的绿色经济带，配合营城模式的低碳转型与乡村振兴的全面推进，引导沿线产业布局优化升级，进而带动更大区域的能源资源合理化配置。提高绿道自身"造血"能力，大力培育绿道消费场景，持续扩大绿色产品和服务供给，促进一二三产融合发展。

4.1.3　结合城市更新，助力城市高质量发展

"十四五"规划提出实施城市更新行动，绿道作为优化城市发展格局和盘活沿线存量用地的有力手段，从大规模片区的整体功能置换到小微空间节点的局部改造，均能找到适当的衔接点与契合点，助力城市高质量发展。

持续推进"多道合一"与"多网融合"，加强绿道与城市蓝绿空间系统及公共空间系统的综合统筹，以及与城市绿色交通系统及文化旅游线路等的融合衔接。绿道有助于守护并强化城市生态基底，优化国土空间利用，全面提升城市环境，塑造城市特色风貌，促进城市历史文化保护与传承创新，完善城市基础设施，提高城市安全韧性。

以政府为主导，积极吸纳市场因素，同时加强公众参与，推进共建共享共治共管。研究完善涵盖绿道规划设计、建设管理、运营维护全过程的体制与机制，明确多元主体的权责关系与职能分工，增进各环节之间的沟通与互馈，保障绿道复合功能。绿道紧密联系群众生活，协助补齐居住社区建设短板，推动老旧小区改造及完整社区建设，提升人民群众的获得感、幸福感、安全感。

4.2 公园城市建设与绿道发展

4.2.1 扎实奉"公"服务，建设公园化街区与完整社区

公园城市建设坚持以人民为中心，未来绿道发展将进一步强化其公共属性，发展完善社区级绿道，提升宜居品质服务群众生活，并将全龄友好、设施共享、未来社区等新理念与绿道建设相结合，可从以下三个方面着手：

第一，采用多种方式打通社区绿道断点，保证使用安全并完善标识指引，优化 15min 社区生活圈内外联系，通达主要公共服务设施、交通站点等，并合理衔接外部高等级绿道。绿道与慢行系统及林荫道（城市支路）融合，"长藤结瓜"带动口袋公园等小微绿地建设，营造公园化的街区环境。

第二，保证合理的绿道网络密度，有效整合社区公共空间，补充完善适老适幼公共空间。将绿道服务半径控制在 1km 左右，使社区内任何地点步行抵达绿道的时间在 15min 以内，从而保证居民的就近使用。可与无障碍街区、儿童友好街区建设改造相结合，基于居民活动特性进行绿道细化分类建设，如建设绿道学径等。

第三，绿道助力完整社区建设，可结合城市更新进行有针对性的补充完善，实现环境与设施的同步提升。绿道驿站及配套设施可与《城市居住区规划设计标准》GB 50180—2018 以及《完整居住社区建设指南》中要求的配套设施融合设置（表 4-1）。着重补充具有高活力性、高便捷性、高功能弹性、高文化性的社区配套设施。

4.2.2 协同联"园"塑"城"，助力完善高品质蓝绿空间系统

公园城市最直观的形态特征是城园相融、蓝绿交织的美丽风貌，绿道是优化公园城市形态格局的重要线性元素。未来绿道发展将积极参与构建全域公园系统，完善城市蓝绿基础设施，可从以下两个方面着手：

第一，以绿道为媒介，消解"园"与"城"之间的分隔，促进"园"

绿道与社区设施结合设置 表 4-1

《城镇绿道工程技术标准》 CJJ/T 304—2019 驿站基本功能设施		《城市居住区规划设计标准》 GB 50180—2018 居住区配套设施		《完整居住社区建设指南》 设施建设要求	
设施类别	项目	设施类别	项目	设施类别	项目
管理服务设施	游客服务中心	社区服务设施	社区服务站	基本公共服务设施	社区综合服务站
配套商业设施	售卖点	便民服务设施	便利店	便民商业服务设施	便利店
	餐饮点	社区服务设施	社区食堂		餐饮店
游憩健身设施	活动场地、休憩点	便民服务设施	儿童、老年人活动场地	公共活动空间	公共活动场地
科普教育设施	展示	社区服务设施	文化活动站	—	—
安全保障设施	医疗急救点	社区服务设施	社区卫生服务站	基本公共服务设施	社区卫生服务站
	无障碍设施	—	—	市政配套基础设施	无障碍设施
环境卫生设施	厕所	社区服务设施	公共厕所		公共厕所
	垃圾箱	便民服务设施	生活垃圾收集点		生活垃圾收集点
停车设施	公共停车场	社区服务设施	机动车、非机动车停车场		停车及充电设施
	公交站点	交通场站	公交车站	—	—

与"城"无界融合。加强各级各类公园与开放式绿地、城市公共空间等的联系，推动原本不开放或不具备休闲游憩功能的绿地、滨水空间等开放共享。连通并活化利用街角、高架桥下等碎片化闲置、低效空间，将其改造为"金角银边"，同时因地制宜灵活采用多种绿化方式，提高绿化覆盖率及绿视率，营造城园一体的景观风貌。

第二，以绿道为桥梁，加强城市内外的生态连通，结合生态廊道强化零散生态斑块之间的联系，助力建设山水林田湖草沙生命共同体。完善生态网络，守护城镇开发边界，引导城镇建设组团与生态隔离区域的协调发展。夯实生态基底，落实对自然山体、水系、林地、农田等资源的保护、修复与合理利用。绿道结合海绵城市建设，提高生态涵养功能，同时兼容防灾避险功能，有助于增强城市安全韧性。

4.2.3 践行转型兴"市"，场景营造激发经济与文化活力

公园城市建设要求转变城市发展思路，从"产—城—人"向"人—城—产"发展逻辑转变。未来绿道在增进民生福祉、促进城园融合的基础上，还需要进一步加强与沿线城市环境的联动，强化公共空间功能复合，推动产业提质升级，可从以下两个方面着手：

第一，"绿道+""公园+"同步发力，结合重要城市发展轴带、产业转型区域、更新改造区域等建设，引入适宜的文体商旅业态，促进温馨宜人的生活场景、富有魅力的体验场景、彰显特色的文化场景、欣欣向荣的消费场景等相互融合，多样化的绿道场景承载多元化的公共活动，将场景转化为生产力，培育城市转型发展新动能。

第二，结合绿道设置主题文化线路，依托、保护、串联具有代表性的城市文化资源，延续历史肌理与传统文脉，一方面增强居民认同感与归属感，另一方面提高旅游吸引力，进而培育公园城市绿道品牌，增强城市软实力。

4.2.4 "建、管、运、维"并重，"人、城、境、业"和谐统一

目前我国城市绿道存在"地域发展不均、重建设轻管理"的实际问题，在未来公园城市的发展过程中应考虑统筹协调解决，与时俱进地推动绿道持续升级完善，实现生活、生态、美学、人文、经济、社会等方面的综合价值，可从以下两个方面着手：

第一，深化全过程思维，注重评估反馈，引领绿道"精明增长"。结合城市体检的推广，加强对建成绿道的评估，根据实际反馈适时总结反思，分析不同区位环境和资源特点的绿道使用、管理、养护、运营需求，有针

对性地优化绿道规划设计方案，细化绿道分级分类与分期建设目标，使绿道建设实施及长效运维投入与其实际承载的功能相匹配，并为可持续发展预留弹性余地。

第二，强化政策规范指引，完善机构设置与制度保障，推进共建共享共管。各地应持续完善公园城市与绿道建设全过程的相关规范，建议设立统筹管理机构，协调相关政府部门，依托国有投融资平台推动工程项目实施。结合大规模开放空间的高等级绿道宜采用由政府主导的"以商养道"模式，以国有文旅平台为主体进行市场化运营。社区级绿道发展可与社区营造紧密结合，依托基层社区治理共同体，实现专业规划设计师、居民、管理者等多元主体的全过程参与互动。

参考文献

[1] 孙莉，瞿志，邹雪梅，等．绿道发展与实例研究 [M]．北京：中国建筑工业出版社，2020.

[2] 成都市公园城市建设领导小组．公园城市：城市建设新模式的理论探索 [M]．成都：四川人民出版社，2019.

[3] 钟乐，章政，张婧雅．城市与自然共生的新理念——伦敦国家公园城市建设的启示 [J]．北京林业大学学报（社会科学版），2021，20（3）：17–23.

[4] 吴承照，吴志强，张尚武，等．公园城市的公园形态类型与规划特征 [J]．城乡规划，2019（1）：47–54.

[5] 李晓江，吴承照，王红扬，等．公园城市，城市建设的新模式 [J]．城市规划，2019，43（3）：50–58.

[6] 吴志强．公园城市：中国未来城市发展的必然选择 [N]．四川日报，2020–09–28.

[7] 李雄，张云路．新时代城市绿色发展的新命题——公园城市建设的战略与响应 [J]．中国园林，2018，34（5）：38–43.

[8] 吴岩，王忠杰，束晨阳，等．"公园城市"的理念内涵和实践路径研究 [J]．中国园林，2018（10）：30–33.

[9] 王香春，蔡文婷．公园城市，具象的美丽中国魅力家园 [J]．中国园林，2018，34（10）：22–25.

[10] 王香春，王瑞琪，蔡文婷．公园城市建设探讨 [J]．城市发展研究，2020，27（9）：19–24.

[11] 蔡文婷，王钰，陈艳，等．团体标准《公园城市评价标准》的编制思考 [J]．中国园林，2021，37（8）：29–33.

[12] 孙喆，孙思玮，李晨辰．公园城市的探索：

[13] 韩若楠，王凯平，张云路，等．改革开放以来城市绿色高质量发展之路——新时代公园城市理念的历史逻辑与发展路径 [J]．城市发展研究，2021，28（5）：28–34.

[14] 高国力，李智．"践行新发展理念的公园城市"的内涵及建设路径研究——以成都市为例 [J]．城市与环境研究，2021（2）：47–64.

[15] 秦尊文，聂夏清．我国"公园城市"内涵辨析与实践探索 [J]．区域经济评论，2023（2）：89–98.

[16] 石楠，王波，曲长虹，等．公园城市指数总体架构研究 [J]．城市规划，2022，46（7）：7–11，45.

[17] 李震，马晨曦，李云燕，等．公园城市研究的适变与应变：兼论空间供给、自然资产和权利义务 [J]．规划师，2023，39（10）：42–49.

[18] 于光宇，吴素华，黄思涵，等．从"千园之城"到"一园之城"——深圳公园城市规划纲要编制思路与实践 [J]．风景园林，2023，30（4）：69–77.

[19] 二线关的美丽转身　珠三角2号区域绿道深圳示范段 [J]．风景园林，2010（5）：48–51.

[20] 李雪松．绿道中健身运动空间规划设计实践——以上海环世纪公园绿道为例 [J]．中国园林，2019（S2）：98–102.

[21] 谢晓英，张琦，邹雪梅，等．营造宜人环境 传承北京气质——北京城市副中心行政办公区景观规划设计 [J]．城乡建设，2017（24）：38–41.

[22] 孙莉，李萍，颜冬冬．田园都市 生态之

城——漳州郊野公园实践 [J]. 城乡建设，2017
（8）：40–43.

[23] 谢晓英，孙莉，周欣萌 . 用绿道"缝合"生
态斑块——厦门市海沧区绿道实践 [J]. 城乡建
设，2017（1）：51–53.

[24] 张乐，孙莉 . 从地理中心到活力中心——湖
南益阳梓山湖公园规划设计实践 [J]. 城乡建
设，2018（17）：40–43.

[25] 孙莉，谢晓英，周欣萌，等 . 山地海绵综合
体探索——重庆两江新区悦来新城后河环境
综合整治工程实践 [J]. 城乡建设，2018（4）：
42–45.

[26] 姚程欣，秦学然 . 十五分钟社区生活圈绿道
规划研究 [C]// 中国城市规划学会 . 面向高质
量发展的空间治理：2020 中国城市规划年会
论文集 . 北京：中国建筑工业出版社，2021.

图书在版编目（CIP）数据

公园城市导向下的绿道规划与建设 / 谢晓英，孙莉
主编 .—北京：中国城市出版社，2024.4
（新时代公园城市建设探索与实践系列丛书）
ISBN 978-7-5074-3684-6

Ⅰ.①公… Ⅱ.①谢…②孙… Ⅲ.①城市道路—道
路绿化—绿化规划—中国 Ⅳ.① TU985.18

中国国家版本馆 CIP 数据核字（2024）第 040838 号

本书主要阐述了绿道对于公园城市建设的重要意义，提出公园城市导向下的绿道发展模式与策略，以期在公园建设中更好地发挥绿道的积极作用。

本书首先从国内外绿道与城市蓝绿空间系统的互动发展入手进行比较，总结绿道发展的两个维度；其次，选取国内公园城市与绿道建设协同发展的三个代表性城市进行研究；再次，基于对作者团队多年来不同规模、类型的绿道相关项目实践的总结与反思，分享在公园城市发展导向下，以绿道为载体，采用"多道融合""多网合一"等策略，拓展绿道复合功能、优化国土空间利用、实现三生统筹、完善区域发展格局等经验；最后，基于国家宏观政策和公园城市导向，对我国未来绿道发展做出展望。

本书可供城乡规划、风景园林相关从业人员、相关政府部门工作人员、高校学生等参考学习。

丛书策划：李　杰　王香春
责任编辑：葛又畅　李　杰
书籍设计：张悟静
责任校对：张　颖

新时代公园城市建设探索与实践系列丛书

公园城市导向下的绿道规划与建设

谢晓英　孙　莉　主编
＊
中国城市出版社出版、发行（北京海淀三里河路9号）
各地新华书店、建筑书店经销
北京雅盈中佳图文设计公司制版
建工社（河北）印刷有限公司印刷
＊
开本：787毫米×1092毫米　1/16　印张：11³/₄　字数：199千字
2024年3月第一版　2024年3月第一次印刷
定价：**128.00**元
ISBN 978-7-5074-3684-6
（904705）